手性农药手册

SHOUXINGNONGYAO

SHOUCE

王鹏　刘东晖　周志强　主编

化学工业出版社

·北京·

内容简介

本书在概述手性的基本概念、手性化合物特性、手性农药相关基本知识、手性农药对映体生物活性差异性等内容的基础上,系统归纳总结了常见的手性农药品种,并根据农药类别详细介绍了各种手性农药的基本信息,包括手性农药的化学结构、手性特征、理化性质、毒性、对映体性质差异、用途、剂型、登记信息等内容。本书结构合理,内容丰富新颖,具有很强的实用价值与参考价值。

本书可作为从事农药研发生产、农药登记管理、农药毒理与生态风险,农药残留归趋与环境安全等领域的企事业单位、研究机构人员的参考工具书,也可供高等学校植保、农药等专业师生阅读。

图书在版编目(CIP)数据

手性农药手册/王鹏,刘东晖,周志强主编.—北京:
化学工业出版社,2021.5
ISBN 978-7-122-38670-0

Ⅰ.①手… Ⅱ.①王… ②刘… ③周… Ⅲ.①农药-
手册 Ⅳ.①S482-62

中国版本图书馆 CIP 数据核字(2021)第 040941 号

责任编辑:刘 军 张 赛　　　　　　　　装帧设计:王晓宇
责任校对:王 静

出版发行:化学工业出版社(北京市东城区青年湖南街 13 号　邮政编码 100011)
印　　装:大厂聚鑫印刷有限责任公司
710mm×1000mm　1/16　印张 14½　字数 259 千字　2021 年 6 月北京第 1 版第 1 次印刷

购书咨询:010-64518888　　　　　　　　　售后服务:010-64518899
网　　址:http://www.cip.com.cn
凡购买本书,如有缺损质量问题,本社销售中心负责调换。

定　价:88.00 元　　　　　　　　　　　　　　版权所有　违者必究

本书编写人员名单

主　　编：王　鹏　刘东晖　周志强

参编人员：（按姓名汉语拼音排序）

陈爱松　程　政　崔景娜　侯昊楠　花依凡　蒋建功

李培泽　李　岩　刘雪科　马小然　王冬伟　魏一木

熊亚兵　姚嘉宁　易晓童　翟王晶　张　强

手性是指物体与其镜像不能重叠的特性，又被称为手征性，是自然界的普遍现象。手性化合物对映体通常具有几乎完全相同的密度、熔点、沸点、溶解度等物理化学性质，但旋光性、手性环境下的化学反应、药理活性、毒性毒理、降解代谢、分布、归趋等通常差异迥然。

手性在医药、农药、兽药及天然产物中广泛存在。在全球市场上已商品化的农药品种中，手性农药有200余种，约占25%以上，我国市场上手性农药比例更高，约占40%。世界著名农药企业都在进行手性农药的研发和销售。手性农药对映异构体往往具有不同的生物活性，通常表现为一个对映体高效而另一个无活性或活性低，有时对映体还会表现出不同类型的活性。其毒性毒理、代谢及降解等环境行为常常存在很大差异。

农药的长期使用带来了一定的环境问题，甚至危及生态安全与人类健康。开发高效、低毒、低残留、对非靶标生物无毒或毒性极小的新农药成为目前农药发展的新趋势。手性农药光学纯异构体具有药效高、环境相容性好、经济效益好等优势，因此光学纯手性农药的开发受到了广泛的关注。随着合成技术的进步，越来越多含有单一对映体的光学纯手性农药逐渐投入市场。市场上一些品种的外消旋体已被光学纯异构体所取代，如异丙甲草胺、噁唑禾草灵、喹禾灵、甲霜灵等。光学活性农药的市场增长率在5%～10%。被广泛使用的光学纯手性农药大部分集中于拟除虫菊酯类杀虫剂和芳氧基丙酸酯类除草剂。

目前对于手性农药生物活性的研究并不十分深入全面，很多手性农药对映体的生物活性信息与差异性并不十分清楚，限制了光学纯手性农药的开发。开展手性农药单一对映体的开发、活性评价、环境行为评价对于指导手性农药生产、建立和完善手性农药登记管理制度具有重要意义。本书作为一本系统的手性农药工具书，凝结了作者多年来手性农药相关的研究工作成果，包括手性农药对映体的拆分、残留分析方法的建立、对映体生物活性与毒性毒理、环境行为及代谢归趋行为差异性等，通过归纳总结，可便于读者快速查询、了解手性农药的基本信息，对于农药生产、登记、使用单位及农药相关科研部门也具有一定的参考价值。本书内容分为六章，第1章为绪论，介绍了手性基本概念、手性化合物的判别、手性化合物对映体的特性与标识，以及手性农药基本特性、生物活性差异性等。第2章至第6章介绍了手性农药的化学结构、手性特征、理化性质、毒性、对映体性质差异、用途、剂型、登记信息等。第 2 章介绍了手性杀虫剂品种，共 121 种；第 3 章介绍了手性杀鼠剂，共 6 种；第 4 章介绍了手性杀菌剂，共 53 种；第 5 章介绍了手性植物生长调节剂，共 11 种；第 6 章介绍了手性除草剂，共 68 种。本书所有农药品种的登记信息均参考 The e-Pesticide manual（Version 3.0）。

由于作者水平有限，书中疏漏之处在所难免，恳请读者谅解，并提出宝贵意见。

王鹏

2021 年 2 月 5 日

目录

CONTENTS

第5章　手性植物生长调节剂　154

第1章 绪论

1.1 手性

手性（chirality，源自希腊文 cheir）是指物体与其镜像不能重叠的特性，又被称为手征性。手性现象广泛地存在于自然界中，具有普遍性和重要性，与生命的起源与发展有重要的关系。本书所介绍的"手性"主要着眼于现代立体化学领域。

如果一个分子本身与其镜像不同，则此分子可称为手性分子。手性分子的原子在空间的排列上具有实物与镜像不能重叠的特性。分子式相同，但由于原子在空间的排列顺序不同而使两种异构体互为实物与镜像而不能完全重叠的现象叫对映异构现象，手性分子都具有对映异构现象。互为实物与镜像的关系，而不能完全重叠的异构体，简称对映异构体（enantiomer），简称对映体，等量的对映体混合物叫做外消旋体（racemate）。

一对对映体通常具有几乎完全相同的密度、熔点、沸点、溶解度、吸附解析等物理化学性质，但旋光性、手性环境下的化学反应、药理活性、毒性毒理、降解代谢、分布、归趋等通常差异迥然。

1.2 手性化合物的判别

一个化合物分子与其镜像不能重合则表明该化合物分子具有手性。判断一个化合物是否具有手性从下面几方面入手：首先分析化合物是否有手性中心；其次，如果化合物分子没有手性中心，判断化合物是否有手性轴；最后，如果化合物既没有手性中心，也没有手性轴，判断化合物是否有手性面。

（1）手性中心 多数手性中心为碳手性中心，前提是与碳原子相连的四个基团互不相同，例如图 1-1 中的 2-氯丁烷具有一个碳手性中心，存在一对呈镜像关系的对映体，这种情况最常见，也比较好判断。磷原子也可构成手性中心（图 1-1 中甲胺磷），如果磷原子连接 4 个不同的原子或基团，便成为手性中心。另外还有硫手性中心和氮手性中心，如图 1-1 中的氟虫腈和乙草胺，由于硫和氮原子具有孤对电子，另外连接 3 个各不相同的原子或基团，形成四面体结构，由于

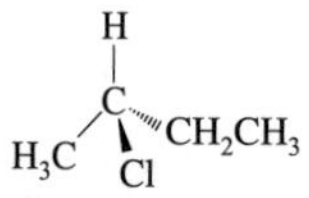

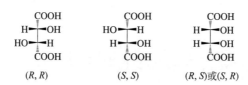

2-氯丁烷 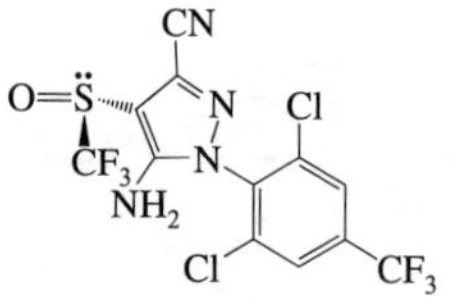　　　　氟虫腈

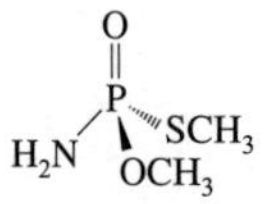

甲胺磷 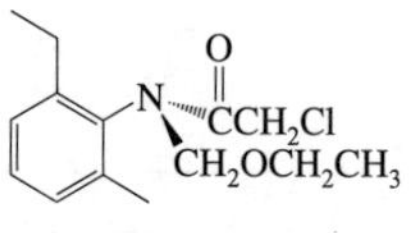　　　　乙草胺

图 1-1　以不同原子为手性中心的分子

官能团不能随意翻转，因而具有手性，这种情况相对比较复杂。

如果化合物有一个不对称原子构成的手性中心，即分子中有一个碳、磷或硫等原子连接各不相同的原子或基团，化学键不能随意翻转，表明化合物具有手性，有一对对映异构体。

如果化合物有两个以上（n）的手性中心，该化合物具有手性，通常含有 $2^{(n-1)}$ 对对映体，但需要进一步判断化合物的分子对称性，如图 1-2 为酒石酸，其中（R,R）和（S,S）为一对对映异构体，而由于分子的对称性，（R,S）和（S,R）为都是，称为内消旋体，分子内虽然含有不对称原子构成的手性中心，但因具有对称因素而不是手性分子。

	COOH			COOH			COOH	
H	—	OH	HO	—	H	H	—	OH
HO	—	H	H	—	OH	H	—	OH
	COOH			COOH			COOH	

（R,R）　　　　　（S,S）　　　（R,S）或（S,R）

图 1-2　酒石酸的结构式

（2）手性轴　没有手性中心的化合物也有可能有手性，假如分子中存在一个轴，通过轴的两个平面在轴的两侧有不同的基团时，同样会产生手性。拥有手性轴的化合物中，具有代表性的是螺环化合物和丙二烯衍生物（图 1-3）。当同侧的两个取代基不同时，化合物就无法与其镜像重叠，即为手性分子。

由于苯环上取代基的位阻现象，联苯类化合物也是一类拥有手性轴的化合物（图 1-4），但是当取代基的基团较小时，两个苯环可以自由旋转，从而手性消除。

（3）手性面　最后比较特殊的一类手性化合物是螺旋化合物，由于化合物有一个扭曲的面而产生的手性，如图 1-5 为六螺苯。由于化合物平面扭曲，无法与其镜面重叠，从而拥有手性。

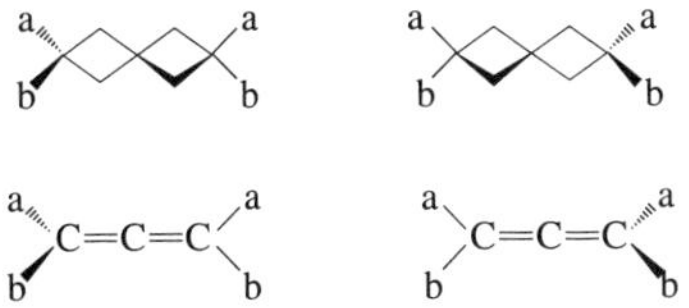

图 1-3　手性螺环化合物和丙二烯衍生物

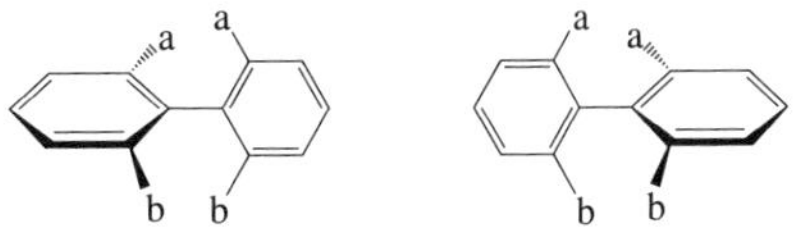

图 1-4　具有手性轴的联苯类化合物

图 1-5　六螺苯化合物

1.3　手性化合物对映异构体的标识

在对映体水平上研究手性化合物，首要的任务是确定对映体信息，对映体标识错误会导致错误的结论。在以往的研究工作中，不同的研究者用不同的方式对对映体进行表征。标识对映体的符号通常有 R 和 S，D 和 L，（＋）和（－）（旋光性或圆二色性）等。

（1）R/S　与不对称中心相连的四个基团，将最小的一个基团位于观察者的对面，按顺序规则，如果原子序数由高到低是顺时针的，为 R 构型，如果为逆时针，则为 S 构型，R 和 S 可以表明手性对映体的绝对构型。

（2）D/L　D/L 表示方法是以甘油醛为标准，人为定义一种构型为 D 构型（—OH 在手性碳原子的右边），一种为 L 构型（—OH 在手性碳原子的左边），把其他旋光性化合物与甘油醛关联起来，从而确定构型，D 和 L 标识方法具有相对性，不能表示绝对构型。

（3）（＋）/（－）　旋光性和圆二色性都是依据异构体对光的吸收的差异来标识对映体的。旋光性和圆二色性没有一定的相关性，但都用（＋）或（－）符号来表示，在旋光性中（＋）表示化合物呈右旋光性，（－）表示化合物呈左旋光性；而在圆二色性中（＋）表示物质对右旋光的吸收大于对左旋光的吸收，（－）则反之。一般情况下，若没有特别指出，（＋）表示右旋光性或右旋体，（－）表示左旋光性或左旋体。

为了描述对映体混合物中对映体的比例，常用 ER（enantiomeric ratio，对映体比例）、EF（enantiomer fraction，对映体分数）、ee（enantiomer excess，

对映体过剩）以及 c. p.（chromatography purity，对映体纯度）等参数。这些参数均可对两个对映异构体含量或比例进行表征，但是在某些特定领域，某些参数描述更有意义。

对映体比例（ER）直接表示对映异构体之间的比例关系，可以由核磁共振光谱或者色谱峰的峰面积直接计算得出。

$$ER = E_1/E_2$$

在不知绝对构型的情况下，在给定的色谱条件下，ER 值可定义为第一个出峰的对映体（E_1）与第二个出峰的对映体（E_2）之间的比值。ER 值的范围为 0 到无穷大，ER＝1 时为外消旋体。

对映体分数 EF 定义为某一对映体占对映体总和的比例。

$$EF = E_1/(E_1 + E_2)$$

在不知绝对构型的情况下，在给定的色谱条件下，EF 值也可定义为第一个出峰的对映体与两对映体之和的比值。在环境化学领域，EF 值的描述更具意义。EF 值的范围为 0 到 1 之间，EF＝0.5 时为外消旋体。

对映体过剩（ee）描述的是在对映体混合物中，含量占优势的对映体过量的比例。

$$ee = (E_1 - E_2)/(E_1 + E_2)$$

ee 范围在 0 到 1 之间，ee＝0 表示外消旋体，ee＝1 表示单一异构体。

对映体纯度（c. p.）表示外消旋体中某一对映体的纯度。

$$c. p. = E_1/(E_1 + E_2)$$

c. p. 范围在 0 到 1 之间。c. p. ＝0.5 表示外消旋体，c. p. ＝0 或 c. p. ＝1 均表示单一异构体。

1.4　手性农药

1.4.1　手性农药简介

在化学异构中有结构异构和立体异构，而在立体异构中有顺反异构与对映异构（手性异构，旋光异构）。在对映异构中，呈镜像关系的一对异构体称为对映异构体（enantiomer），在多手性中心的化合物中，存在多对对映异构体，其中一些互不为镜像关系的立体异构体，则被称为非对映异构体（diastereoisomers，简称为非对映体）。一种农药，如果化学结构存在手性因素（手性中心或手性轴等），其分子存在对映异构，则称这种农药为手性农药。在全球市场上已商品化的农药中，手性农药超过 200 余种，约占 25％以上，我国市场上手性农药比例更高，约占 40％[1]。世界各大公司如先正达、巴斯夫、杜邦、孟山都、拜耳、陶氏、住友化学等都在进行手性农药的研发和销售。

在手性农药中，多数含有 1 个手性中心，因而具有一对对映体，也有一些品种，如菊酯类杀虫剂，含有 2 个及以上手性中心，因而具有 2 对或更多对对映体，使得异构体变得复杂。以氯氰菊酯为例，其化学名称为 (R,S)-α-氰基-(3-苯氧基苄基)-(1RS,3RS)-3-(2,2-二氯乙烯基)-2,2-二甲基环丙烷羧酸酯，化学结构式如图 1-6 所示。

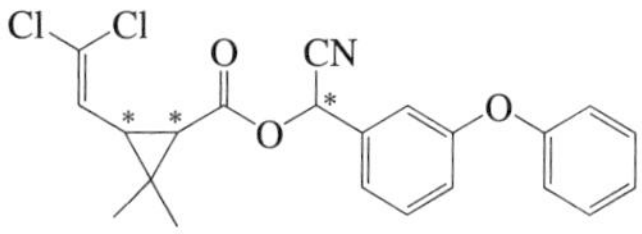

图 1-6　氯氰菊酯的结构式（＊表示手性中心）

分子中含有 3 个手性碳原子，因而具有 8 个异构体，简单描述为 **1**（R）-(1S,3S)，**2**（S）-(1R,3R)；**3**（R）-(1S,3R)，**4**（S）-(1R,3S)；**5**（R）-(1R,3R)，**6**（S）-(1S,3S)；**7**（R）-(1R,3S)，**8**（S）-(1S,3R)，其中，**1** 与 **2**，**3** 与 **4**，**5** 与 **6**，**7** 与 **8** 分别是对映体，呈镜像对称，而其他任意两者的关系都是非对映异构体，不呈镜像对称关系。在工业产品中，如果只含有 **1**（R）-(1S,3S) 和 **2**（S）-(1R,3R) 则称为顺式氯氰菊酯，若只含有 **3**（R）-(1S,3R) 和 **4**（S）-(1R,3S) 则称为反式氯氰菊酯，顺式氯氰菊酯和反式氯氰菊酯以 2：3 比例构成的产品称为高效氯氰菊酯。

在现有的手性农药中，手性因素主要是手性中心，也有手性轴。以由碳原子、磷原子构成的手性中心最为广泛，如马拉硫磷的手性源自手性碳原子，而水胺硫磷的手性则来自于手性磷原子。也有手性农药含有硫原子构成的手性中心，如氟虫腈。乙草胺、异丙甲草胺含有手性氮原子。一些农药具有顺反异构体，如烯酰吗啉，由于其异构体并非对映异构体，因而该农药不称为手性农药。

在农药市场上，手性农药以拟除虫菊酯类和有机磷类杀虫剂、芳氧羧酸类除草剂（芳氧苯氧丙酸类和苯氧羧酸类）、三唑类杀菌剂比较常见，单个异构体往往具有较强的生理活性。从 20 世纪 90 年代开始，随着立体化学的快速发展，农药研究已深入到了分子立体异构领域，全球范围内手性药物的使用呈现强劲的增长势头。从分子水平分析农药与生物体相互作用时，生物体对农药分子各手性异构体识别能力的差异，以及不同靶标对不同手性异构体的匹配性关系，使得异构体之间表现出不同的生物活性。这就是有些手性农药体现出高的杀虫、杀菌、杀螨和除草活性，而其对映体活性低甚至表现出药害的根本原因[2]。

1.4.2　手性农药生物活性

手性农药对映体的生物活性主要有以下几种情况[3]：①一个对映体高效而

另一个无活性或活性低，如戊唑醇、抗倒胺、噻螨酮、草胺膦。②两个对映体活性稍有差别（几倍至 10 倍以内），如保松噻、丙硫磷、甲霜灵、稻瘟酯、溴丁酰草胺、萘氧丙草胺、杀鼠灵等。③两个对映体具有相等的活性，如三唑酮，这种情况非常少，此种情况下不需要生产和使用光学纯的单一异构体。④对映体的活性类型不同，如烯效唑、氰戊菊酯、苯硫磷、异丙甲草胺、多效唑、丙环唑等。而目前对于手性农药生物活性的研究仍不够深入全面，很多手性农药对映体的生物活性信息与差异性也并不十分清楚，拟除虫菊酯类杀虫剂、芳氧羧酸类除草剂、三唑类杀菌剂、有机磷农药中的一些手性品种研究得相对较多。

（1）拟除虫菊酯类杀虫剂　拟除虫菊酯类杀虫剂绝大多数都具有手性，且含有多个手性中心，对映体活性差别较大。在由菊酸构成的酯中，保留有 1R 构型的 C3 修饰菊酸酯类似物不仅具有较高的杀虫活性，而且对哺乳动物的毒性也较低[4~6]。如第一个人工合成并投入工业化生产的拟除虫菊酯类杀虫剂丙烯菊酯，化学结构中有 3 个手性碳，共有 8 个异构体，这些异构体之间杀虫活性差异甚大，其中以（＋)-反式酸、S-醇构型的活性最高，而以（－)-顺式酸、R-醇构型的活性最低，相差达 500 倍（其中＋和-分别代表右旋体和左旋体）；溴氰菊酯有 3 个手性中心，8 个异构体，其中（R,R,S）活性最大，（R,S,S）有一定活性，其他 6 个异构体完全无活性；氰戊菊酯由 4 个异构体组成，其中（S,S）体的杀虫活性最高，约为混合体的 4 倍，而其对映体（S,R）体却有使叶子白化的强药害，并发现（R,S）体可使动物在亚急性毒性试验中有肉芽肿病变出现；通常生产的氯菊酯、速灭杀丁等只有 1/4 是高效体，其余 3 个则为低效或无效成分[6]。联苯菊酯 Z-1RS 体为高效体，对水生生物网纹水蚤和大型溞的毒性 1R 顺式体是 1S 顺式体的 15~38 倍[7]，1R 顺式体对蝌蚪的毒性大于 1S 顺式体[8]；而对斑马鱼的毒性则表现为 1S 顺式体高于 1R 顺式体[9]。α-氯氰菊酯对蝌蚪具有对映选择性毒性，外消旋体和（S)-(1R,3R)-对映体比（R)-(1S,3S)-对映体的毒性高至少 13 倍和 29 倍[10]。

（2）芳氧羧酸类除草剂　芳氧羧酸类除草剂由于丙酸酯 α 位被芳氧基取代而具有手性。芳氧羧酸类除草剂的生物活性多集中在 R 体上，S 体几乎没有活性，如 2,4-滴丙酸（DCPP）、2甲4氯丙酸（MCPP）、2,4,5-涕丙酸、喹禾灵、吡氟氯禾灵等芳氧苯氧丙酸类除草剂，其除草活性几乎全部集中在 R 对映体上，S 对映体几乎没有除草活性[11]。瑞士、丹麦等国规定 2,4-滴丙酸和 2甲4氯丙酸这两种除草剂必须使用其单一光学活性异构体。禾草灵的两个异构体在稻田中的苗前除草活性非常相似，但是用于苗后时，R 异构体对某些杂草的活性明显比相对应的 S 体高[12]。噁唑禾灵的两个对映体苗前除草活性相当，但是只有 R 体具有苗后除草活性[11]。噁唑禾灵对斑马鱼的毒性具有对映选择性，S 体的毒性高于 R 体[13]。R-乳氟禾草灵对稗草的活性更高，且 R 体对水生藻类的毒性更低[14]。近年来大多数芳氧苯氧丙酸类除草剂以其 R 体投入使用，以减少其在环境中的施放量。已经商品化的产品有精噁唑禾草灵、高效吡氟禾草灵、高效盖草能、炔草酯、精喹禾灵等。

（3）三唑类农药　一些三唑类农药异构体也显示出不同的活性特征。如烯唑醇 R 体的杀菌活性远远高于 S 体，而 S 体的植物生长调节活性又比 R 体高；烯效唑的 S 体的植物生长调节活性是 R 体的 7 倍，而 R 体杀菌活性较强；戊唑醇的 S 体杀菌活性较强，己唑醇的 R 体是活性体[15]，粉唑醇 R 体的杀菌活性较强[16]，腈菌唑的 S 体杀菌活性较强于[17]。苯醚甲环唑外消旋和四个对映体的杀菌活性为 （$2R,4S$）＞（$2R,4R$）＞外消旋体＞（$2S,4R$）＞（$2S,4S$）[18]。三唑酮的两个对映体之间的活性差异很小，但它的还原产物三唑醇有四个异构体，其中（$1S,2R$）异构体具有较高的杀菌活性[19]；乙环唑的四个异构体中（$2S,4R$）体具有较高的杀菌活性[20]；丙环唑对植物的抑制生长作用 $2R$ 体比 $2S$ 体强；苄氯三唑醇也包含四个异构体，其中（$1S,2R$）异构体具有较高的杀菌和甾醇生物合成抑制活性[3]；多效唑有两个手性中心，有四个立体异构体，四种异构体的杀菌活性为 （$2R,3R$）＞（$2S,3R$）＞（$2R,2S$）＞（$2S,3S$），而 （$2S,3S$）体则具有较强植物调节功能[21]，多效唑对藻类的毒性表现为 S 体＞外消旋体＞R 体[22]。氟环唑对小球藻和大型溞的毒性也具有对映选择性，S,R-（－）-氟环唑对小球藻的毒性更大，而 R,S-（＋）-氟环唑对大型溞的毒性更大[23]。丙硫菌唑对大型溞的毒性为 （－）-丙硫菌唑高于 （＋）-丙硫菌唑，对小球藻的毒性为 （＋）-丙硫菌唑高于 （－）-丙硫菌唑[24]。联苯三唑醇对小球藻的毒性表现为 S 体高于 R 体[25]。

（4）有机磷农药　有机磷农药作为杀虫剂和杀菌剂广泛应用，有些还可用于除草，这些化合物大都含有 P＝S 或者 P＝O 键的正四面体结构，从而具有手性。有机磷类手性农药的手性既可来源于不对称磷原子，也可源于手性碳原子，因此手性品种非常多。有机磷手性农药对映体之间也存在着不同的生物活性，包括毒性、酶抑制活性和生物降解能力等。如丙溴磷，其对映异构体在抑制乙酰胆碱酯酶（AchE）活性、杀虫活性和对温血动物毒性等方面有明显的立体选择性[26]；水杨硫磷对蚊、黏虫、小鼠的活性是 （＋）体＞（－）体，而对蝇的活性为 （－）体＞（＋）体，离体乙酰胆碱酯酶的抑制活性 （＋）体＞（－）体[27]；氧代苯硫磷中低杀虫活性的 S 体具有高的神经延迟作用，而高杀虫活性的 R 体则无此作用[2,28]；苯硫磷对鸡、小鼠的毒性 R 体高于 S 体，而对鸡的麻痹作用则相反[1]；苯腈磷杀虫活性 R 体是 S 体的 20 倍，对小鼠的毒性相差不大，降解速度 S 体＞R 体；异柳磷的杀虫活性 （＋）体＞（－）体；马拉氧磷的活性 （＋）体＞（－）体；蔬果磷的杀虫活性 S 体大于 R 体；地虫硫磷杀虫活性 R 体＞S 体，小鼠毒性 R 体＞S 体，体内代谢 S 体＞R 体，植物根部吸收

S 体＞R 体，植物代谢 R 体＞S 体[29]；地虫氧磷的杀虫活性 S 体＞R 体，小鼠毒性 S 体＞R 体；草铵膦只有 S 体有除草活性；甲胺磷和乙酰甲胺磷对蝇和蟑螂的代谢 R 体大于 S 体；草特磷植物生长调节活性（－）体是（＋）体 24 倍以上；丙硫磷 R 体药效比 S 体高 5 倍；地虫磷 S 体毒力大于 R 体；甲丙硫磷 S 体是 R 体药效的 6～9 倍；噻唑磷（－）体毒力是（＋）体的 30 倍；丙苯磷的代谢产物丙苯磷亚砜 S 体对蟑螂成虫的药效是 R 体的两倍，而 R 体的牛血清胆碱酯酶和离体乙酰胆碱酯酶的抑制活性却是 S 体的 3 倍[2,28]。氯甲胺磷（chloramidophos），具有两个手性中心，4 个异构体（在 AD 色谱柱上出峰 1～4），对乙酰胆碱酯酶的抑制作用顺序为峰 4＞峰 3＞峰 2＞峰 1，对大型溞的急性毒性顺序为峰 3＞峰 2＞峰 1＞峰 4，异构体的活性差异在 1.1～18.1 倍（离体）和 1.2～13 倍（活体）[30]。甲胺磷（－）对映体对乙酰胆碱酯酶的抑制活性是（＋）的 8.0～12.4 倍，而（＋）对映体对大型溞的急性毒性是（－）对映体的 7.0 倍[31]。毒壤磷（－）体对网纹水蚤和大型溞的毒性是（＋）体的 8～11 倍[32]。水胺硫磷的杀虫活性具有明显的对映选择性，顺序为 S-（＋）体≥外消旋体＞R-（－）体[33]。

（5）其他手性农药　含有手性中心的间位取代对硝基二苯醚和吡唑苯基醚化合物中，R 体对离体原卟啉原氧化酶抑制活性比 S 体高 10～44 倍，R 体芽前处理时对双子叶植物活性很好，而 S 体无活性，两异构体对单子叶植物均具有芽前活性，但仅有 R 体表现出了苗后活性[34]；含手性碳的苯酰二苯醚化合物可抑制豌豆黄化质体裂解液中原卟啉原氧化酶的活性，其中 S 体的抑制率明显高于 R 体[35]；酰胺类杀菌剂甲霜灵的杀菌作用主要源于 R 体，其杀菌活性在体内 R 体是 S 体的 3 倍，在体外 R 体是 S 体的 1000 多倍，甲霜灵高活性体-精甲霜灵在抑制菌丝生长和孢子囊产生两个方面均比外消旋体高[36]；苯霜灵的两种异构体均具有杀菌活性，但是在抑制菌丝生长方面，R 体的活性高于 S 体[37]；Dymuron 分子中含有一个手性中心，其 R 异构体和 S 异构体作为安全剂的性能不同：R 体使水稻根系生长量减少，而 S 体对根系生长无影响；当与苄嘧磺隆同时进行处理时，S 体缓解水稻药害症状的效果明显优于外消旋体和 R 体，其作用原理在于 S 体大大减少了水稻根系对苄嘧磺隆的吸收[38]；含有手性中心的一系列三氮苯类目标化合物，在对稗草根系生长的抑制作用上 R 体明显高于 S 体，而对光合系统Ⅱ的抑制作用却是 S 体活性更高，表明对映体之间存在不同的作用机理[39]；手性取代苯基脲类化合物中，3-甲基和 4-甲基取代的化合物对映体中，R 体可显著抑制水稻根系生长，而对稗属植物来说，S 体的抑制作用更强[40]；麦草伏间异丙基酯、异丙甲草胺和 CGA29212 的 S 异构体的除草活性要比 R 体高[41]；此外，敌草胺、敌草强、炔草酯、卡草胺、氰氟草酯的 R 体高效；1,2,3,4-四氢萘甲酸的（－）体有植物生长调节活性，而（＋）体无活性；抗倒胺只有 S 体具有植物生长调节剂的作用；稻瘟酯 S 体对麦角甾醇的抑制比

R 体强 4 倍，对稻恶苗病的活性比 R 体强 30 倍；吗啉类杀菌剂 S 体对小麦白粉病及叶锈病效力比 R 体高；噻螨酮（$4R$，$5R$）体是活性体，其对映体基本无活性；咪唑硫杀菌剂（－）体对小白鼠的毒性比（＋）体高 2 倍；杀鼠灵的 S 体活性较强。氟虫腈 S 体对人畜安全，对狗蚤防治效果好于 R 体，R 体对浮萍的毒性和对斑马鱼的神经毒性高于 S 体[42,43]，而 R、S 体对家蝇、棉红蟎、谷象的毒性相差不大[44,45]。丁虫腈 R 体对菜蛾、褐飞虱、黏虫和豌豆蚜的杀虫活性强于 S 体[46]。

手性农药对映体的生物活性和环境毒理存在着很大的差异。对于手性化合物的研究，将外消旋体视作同一化合物可能会导致错误的判断，必须从对映体水平上进行活性、毒性、环境安全等评价[47]。目前，一些国家（如瑞士和瑞典）已经取消了苯氧羧酸除草剂外消旋体的登记，而支持单一对映体的登记；丹麦、荷兰等国家也通过削减农药用量或提高农药使用税来限制外消旋化合物的登记和使用[48]；美国和欧盟也纷纷制定各种规程来规范手性农药的管理、研究与应用[49,50]。关于手性农药生物活性、毒性的研究将成为全球范围内农药研发与管理的焦点。

1.4.3 手性农药市场

农药的品种越来越多，使用量越来越大，使用范围越来越广，也因此产生了许多环境问题，甚至危及生态安全与人类健康。开发高效、低毒、低残留、对非靶标物无毒或毒性极小的新农药成为目前农药发展的新趋势。光学纯手性农药由于具有高效、使用量少、减轻环境污染等特点而引起了人们的关注，非常具有商业价值。随着合成技术的进步，越来越多含有单一对映体的光学纯农药逐渐投入市场。

光学纯异构体的手性农药具有药效高、环境相容性好、经济效益好、研发意义强等优势，因此光学纯手性农药的开发受到了广泛的关注。市场上一些品种的外消旋体已被光学纯单体所取代，如异丙甲草胺、噁唑禾草灵、喹禾灵、甲霜灵等，表 1-1 列举了一些常见商品化的手性农药品种。光学活性农药的市场增长率在 5%～10% 之间。目前在农药市场被广泛使用的光学纯手性农药主要是有 3 大类：拟除虫菊酯类杀虫剂、三唑类杀菌剂和芳氧基丙酸酯类除草剂。拟除虫菊酯类手性农药占据着农药市场相当大的比例，以有效异构体为主的高效氯氰菊酯、顺式氯氰菊酯、反式氯氰菊酯及以光学纯单一异构体为主的高氰戊菊酯、溴氰菊酯、氟胺氰菊等已经成为拟除虫菊酯类手性农药的主要品种。芳氧基丙酸酯类除草剂是一类非常重要的选择性除草剂，在 2000 年国际市场上销售额超过了 7.5 亿美元。目前市场上此类除草剂大部分品种主要以具除草活性的 R 体形式生产并销售，如 2,4-滴丙酸、2 甲 4 氯丙酸、精噁唑禾草灵、精喹禾灵、精吡氟禾草灵、高效氟吡甲禾灵等。三唑类手性杀菌剂的商品化进程也在不断加快，目前在日本已有十余个手性产品获准登记并商品化。

表 1-1　常见商品化的手性农药品种

英文名	中文名	商品名	有效成分	生产公司
propaquizafop	喔草酯	Agril	R	Novartis
clodinafrop	炔禾灵	Topik	R	Novartis
metolachlor	异丙甲草胺	Gold Dual	S-αRS	Novartis
fluazifop	吡氟禾草灵	Fuaillade	R	Zeneca
quizalofop-P-tefuryl	喹禾糠酯	Pantera	R	Uniroyal
carbetamide	卡草胺	Carbetamex	R	Rhone-Poulene
ethoxyfen	氟乳醚	Buvirex	R	Budapest Chemicals
cyhalofop-buty	氰氟草酯	Clincher	R	Dow Agrosciense
dichlorprop-P	2,4-滴丙酸	Duplosan/Optica	R	BASF/A. H. Marks
fenoxaprop-ethyl	噁唑禾草灵	Puma	R	AgrEvo
mecoprop-P	2甲4氯丙酸	U46KV Fluit	R	BASF
haloxyfop	氟吡甲禾灵	Verdict	R	Dow Agrosciense
quizalofop-ethyl	喹禾灵	Targa/Assure	R	Nissan/Dupont
flucythrinate	氟氰戊菊酯	Pay-off	$\alpha S,S;\alpha R,S$	Cyanamid
fenpropathrin	甲氰菊酯	Rody	S	Sumitomo
esfenvalerate	S-氰戊菊酯	Hallmark. etc	$\alpha S,S$	Cyanamid/Dupond/Sumitomo
detamethrin	溴氰菊酯	Decis	$\alpha S,1R,3R$	AgrEvo
cycloprothrin	乙氰菊酯	Cyclopsal	αS-RS	Nippon/Kagaku
bifenthrin	联苯菊酯	Talstar	Z-$1RS$	FMC
alpha-cypermethrin	顺式氯氰菊酯	Fastac	cis-$1R$-$\alpha S;cis$-$1S$-αR	Cyanamid/Gharda/FMC
acrinathrin	氟丙菊酯	Rufast	Z-$1R$-αS	AgrEvo
lambda-cyhalothrin	高效氯氟氰菊酯	Karate	Z-$1R$-$\alpha S;Z$-$1S$-$3R$	Zeneca
tau-fluvalinate	氟胺氰菊酯	Marvrik	S	Novartis
tralomethrin	四溴氟菊酯	Scout	αS-cis-$1R$	AgrEvo
fenpropimorph	丁苯吗啉	Corbel	cis-R	BASF/Novartis
metalaxyl	甲霜灵	Ridomil Gold	R	Novartis
benalaxyl	苯霜灵	Galben	R	Isagro

参考文献

［1］　Nomeir A A, Dauterman W C. Studies on the optical isomers of EPN and EPNO. Pesticide Biochemistry & Physiology, 1979, 10 (2): 121-127.

［2］　Johnson M K. Sensitivity and selectivity of compounds interacting with neuropathy target esterase. Further structure-activity studies. Biochemical Pharmacology, 1988, 37 (21): 4095-4104.

［3］　Gadher P, Mercer E I, Baldwin B C, et al. A comparison of the potency of some fungicides as inhibitors of sterol 14-demethylation. Pesticide Biochemistry & Physiology, 1983, 19 (1): 1-10.

［4］　Barnes J M, Verschoyle R D. Toxicity of new pyrethroid insecticide. Nature, 1974, 248

（450）：711.

[5] Miyamoto J. Degradation, metabolism and toxicity of synthetic pyrethroids. Environmental Health Perspectives, 1976, 14：15-28.

[6] Elliott M, Janes N, Potter C, et al. The Future of Pyrethroids in Insect Control. Annual Review of Entomology, 1978.

[7] Li Z, Zhang Z, Zhou Q L, et al. Stereo-and enantioselective determination of pesticides in soil by using achiral and chiral liquid chromatography in combination with matrix solid-phase dispersion. Journal of Aoac International, 2003, 86（3）.

[8] Zhang W, Chen L, Diao J, et al. Effects of cis-bifenthrin enantiomers on the growth, behavioral, biomarkers of oxidative damage and bioaccumulation in Xenopus laevis. Aquatic Toxicology 2019, 214：105237-105237.

[9] Xiang D, Zhong L, Shen S, et al. Chronic exposure to environmental levels of cis-bifenthrin：Enantioselectivity and reproductive effects on zebrafish（Danio rerio）. Environmental Pollution, 2019, 251：175-184.

[10] Xu P, Huang L. Effects of α-cypermethrin enantiomers on the growth, biochemical parameters and bioaccumulation in Rana nigromaculata tadpoles of the anuran amphibians. Ecotoxicology and Environmental Safety 2017, 139：431-438.

[11] Venis M A. The rational design of the optically active wild oat herbicide L-flamprop-isopropyl. Pesticide Science, 1982, 13：309-317.

[12] 刘维屏. 农药环境化学. 北京：化学工业出版社, 2006.

[13] Xu Y, Jing X, Zhai W, et al. The enantioselective enrichment, metabolism, and toxicity of fenoxaprop-thyl and its metabolites in zebrafish. Chirality, 2020, 32（7）.

[14] Chen L, Diao J, Zhang W, et al. Effects of beta-cypermethrin and myclobutanil on some enzymes and changes of biomarkers between internal tissues and saliva in reptiles（Eremias argus）. Chemosphere, 2018, 216.

[15] 杨丽萍, 李树正, 李煜昶, 等. 三种三唑类杀菌剂对映体生物活性的研究. 农药学学报, 2002, 4.

[16] Zhang Q, Hua X, Shi H, et al. Enantioselective bioactivity, acute toxicity and dissipation in vegetables of the chiral triazole fungicide flutriafol. Journal of Hazardous Materials, 2015, 284（284）：65-72.

[17] Sun M, Liu D, Qiu X, et al. Acute Toxicity, Bioactivity, and Enantioselective Behavior with Tissue Distribution in Rabbits of Myclobutanil Enantiomers. Chirality, 2014.

[18] Dong F, Li J, Chankvetadze B, et al, Chiral Triazole Fungicide Difenoconazole：Absolute Stereochemistry, Stereoselective Bioactivity, Aquatic Toxicity, and Environmental Behavior in Vegetables and Soil. Environmental Science & Technology, 2013, 47（7）：3386-3394.

[19] Tait E J. Pesticide chemistry-human welfare and the environment. Endeavour, 1983.

[20] Greenhalgh R, Drescher N. Pesticide Chemistry：Human Welfare and the Environment, Pergamon, 1983.

[21] Shimabukuro R H, Hoffer B L. Enantiomers of Diclofop-Methyl and Their Role in Herbicide Mechanism of Action. Pesticide Biochemistry & Physiology, 1995, 51（1）：68-82.

[22] Liu C，Liu S，Diao J. Enantioselective growth inhibition of the green algae (Chlorella vulgaris) induced by two paclobutrazol enantiomers. Environmental Pollution，2019，250：610-617.

[23] Esmat A，Bei G，Li L，et al. Enantioselective Bioactivity，Toxicity，and Degradation in Different Environmental Mediums of Chiral Fungicide Epoxiconazole. Journal of Hazardous Materials，2019，386：121951.

[24] Zhai W，Zhang L，Cui J，et al. The biological activities of prothioconazole enantiomers and their toxicity assessment on aquatic organisms. Chirality，2019.

[25] Li L，Gao B，Wen Y，et al. Stereoselective bioactivity，toxicity and degradation of the chiral triazole fungicide bitertanol. Pest Management Science，2020，76 (1).

[26] Leader H，Casida J E. Resolution and biological activity of the chiral isomers of O-(4-bromo-2-chlorophenyl) O-ethyl S-propyl phosphorothioate (profenofos insecticide). Journal of Agricultural and Food Chemistry，1982，30 (3)：546-551.

[27] 杨光富，袁继伟. 合成农用化学品的手性——生物活性及安全性的思考. 世界农药，1999，021 (002)：1-12.

[28] Johnson M K . Reality monitoring：An experimental phenomenological approach. Journal of Experimental Psychology General，1988，117 (4)：390-394.

[29] Lee P W，Allahyari R，Fukuto T R，Studies on the chiral isomers of fonofos and fonofos oxon：I. Toxicity and antiesterase activities. Pesticide Biochemistry and Physiology，1978，8：146-157.

[30] Zhou S，Lin K，Yang H，et al. Stereoisomeric separation and toxicity of a new organophosphorus insecticide chloramidophos. Chemical Research in Toxicology，2007，20 (3)：400-405.

[31] Lin K，Zhou S，Xu C，et al. Enantiomeric resolution and biotoxicity of methamidophos. Journal of Agricultural and Food Chemistry，2006，54 (21)：8134.

[32] Liu W，Lin K，Gan J. Separation and aquatic toxicity of enantiomers of the organophosphorus insecticide trichloronate. Chirality，2010，18 (9)：713-716.

[33] Tao S，Cang P，Wang X，et al. Comprehensive Study of Isocarbophos to Various Terrestrial Organisms：Enantioselective Bioactivity，Acute Toxicity，and Environmental Behaviors. Journal of Agricultural and Food Chemistry，2019，67 (40)：10997-11004.

[34] Nandihalli U B，Duke M V，Ashmore J W，et al，Enantioselectivity of protoporphyrinogen oxidase-inhibiting herbicides. Pesticide Science，2010，40 (4)：265-277.

[35] Hallahan B J，Camilleri P，Smith A，Bowyer J R. Mode of Action Studies on a Chiral Diphenyl Ether Peroxidizing Herbicide：Correlation between Differential Inhibition of Protoporphyrinogen IX Oxidase Activity and Induction of Tetrapyrrole Accumulation by the Enantiomers. Plant Physiology，1992，100：1211-1216.

[36] 刘西莉，马安捷，林吉柏，等. 精甲霜灵与外消旋体甲霜灵对掘氏疫霉菌的抑菌活性比较. 农药学学报，2003.

[37] Gozzo F，Garavaglia G，Zagni A. Structure-activity relationship and mode of action of acylalanines and related structures. In：Proceedings 1984 British crop protection conference Pest and Diseases，1984.

[38] Omokawa H，Wu J，Hatzios K K. Mechanism of Safening Action of Dymuron and Its Two Monomethyl Analogues against Bensulfuron-methyl Injury to Rice (Oryza sativa). Pesticide Biochemistry and Physiology，1996，55 (1)：54-63.

[39] Hiroyoshi O，Makoto K. Inhibition of Echinochloa crus-galli var. frumentacea seedling root elongation by chiral 1，3，5-triazines in the dark. Pesticide Science，1992.

[40] Omokawa H，Ryoo J H. Enantioselective Response of Rice and Barnyard Millet on Root Growth Inhibition by Optically Active α-Methylbenzyl Phenylureas. Pesticide Biochemistry Physiology，2001，70 (1)：1-6.

[41] Ariëns E J R，Welling van J J，Welling W. Stereoselectivity of pesticides. Elsevier Science Publishers，Journals Division，1988.

[42] Qu H，Ma R，Liu D，et al. Environmental behavior of the chiral insecticide fipronil：Enantioselective toxicity，distribution and transformation in aquatic ecosystem. Water research，2016，105：138-146.

[43] Qian Y，Ji C，Yue S，et al. Exposure of low-dose fipronil enantioselectively induced anxiety-like behavior associated with DNA methylation changes in embryonic and larval zebrafish. Environmental Pollution，2019，249：362-371.

[44] 柏再苏. 氟虫腈的对映异构体（R 和 S 体）的分离及药效. 世界农药，2004，026 (001)：14-15.

[45] 叶萱. 氟虫腈对映体的杀虫活性. 世界农药，2004，3：28-29.

[46] Tian M，Zhang Q，Hua X，et al. Systemic stereoselectivity study of flufiprole：Stereoselective bioactivity，acute toxicity and environmental fate. Journal of Hazardous Materials，2016，320：487-494.

[47] Armstrong D W，Reid G L，Hilton M L，et al. Relevance of enantiomeric separations in environmental science. Environmental Pollution，1993，79 (1)：51-58.

[48] Williams A. Opportunities for chiral agrochemicals. Pesticide Science，1996，46 (1)：3-9.

[49] Listed N A. FDA'S policy statement for the development of new stereoisomeric drugs. Chirality，1992，4 (5).

[50] 陈慧，王琴孙. 环糊精类高效液相色谱固定相的研究进展. 色谱，1999，17 (006)：533-538.

第2章　手性杀虫剂[1]

胺丙畏（propetamphos）

（*表示手性中心，全书同）

$C_{10}H_{20}NO_4PS$，281.3，31218-83-4

化学名称　(*E*)-*O*-2-异丙氧羰基-1-甲基乙烯基-*O*-甲基-*N*-乙基硫代磷酰胺。

其他名称　巴胺磷；烯虫磷。

手性特征　具有一个手性磷原子，含有一对对映体。

理化性质　淡黄色油状液体，沸点 87～89℃（66.7Pa），20℃蒸气压为 1.9mPa，相对密度 1.1294（20℃），折射率 1.495。在 24℃水中的溶解度为 110mg/L，溶于多数有机溶剂。对热、光稳定。稳定性好，在 24℃缓冲水溶液中，水解半衰期 pH 为 5 时为 44d，而 pH 为 9 时则为 37d。

毒性　急性经口 LD_{50}（mg/kg）：雄大鼠 119，雌大鼠 59.5。急性经皮 LD_{50}（mg/kg）：雄大鼠 2825，雌大鼠＞2260。

对映体性质差异　未见报道。

用途　为触杀性杀虫剂，兼有胃毒作用，还有使雌蜱不育的作用。能有效防治蟑螂、苍蝇、蚊子等卫生害虫，也可防治家畜体外寄生螨虫类，还可用于防治棉花蚜虫等。

登记信息　在印度、澳大利亚、美国登记，中国、韩国、巴西、加拿大等国家未登记，欧盟未批准。

胺菊酯（tetramethrin）

$C_{19}H_{25}NO_4$，331.4，7696-12-0

化学名称　（1RS,3RS)-2,2-二甲基-3-(2-甲基-1-丙烯基）环丙烷羧酸-环-1-己烯-1,2-二甲酰亚胺基甲酯。

手性特征　具有两个手性碳，含有两对对映体。

理化性质　纯品为白色结晶固体，工业品为黄色膏状物或凝固体。熔点68～70℃，沸点185～190℃，闪点大于200℃，蒸气压2.1mPa（25℃）。正辛醇-水分配系数 $\lg K_{OW}=4.6$（25℃）。30℃时在水中的溶解度为4.6mg/L，能溶于苯、二甲苯、煤油、甲苯、丙酮、三氯甲烷、三氯乙烷等有机溶剂。25℃时溶解度（g/kg）为：丙酮400，苯500，乙醇45，甲苯400。在弱酸性条件下稳定。

毒性　胺菊酯属低毒杀虫剂。急性经口 LD_{50}（mg/kg）：原药大鼠>5000，雄性小鼠1920，雌性小鼠2000。急性经皮 LD_{50}（mg/kg）：大鼠>5000。对皮肤和眼睛无刺激作用。在试验条件下，未见致突变、致癌作用和繁殖影响。

对映体性质差异　未见报道。

用途　胺菊酯对蚊、蝇等卫生害虫具有快速击倒效果。主要用于防治卫生害虫。

农药剂型　1.8%片剂；混剂有2%苯醚·胺菊酯超低容量液剂，5%胺·氯菊微乳剂，10%右胺·氯菊微乳剂，2.5%高氯·胺菊乳油，160g/L苯氰·右胺菊乳油，0.31%、0.38%、0.4%、0.5%、0.6%气雾剂，1.6%粉剂，6%烟剂，0.36%水乳剂，0.47%灭蚁饵剂，0.84%杀白蚁膏等。

登记信息　在中国、美国、加拿大、日本、韩国、澳大利亚登记，巴西、印度等国家未登记，欧盟未批准。1964年最先在日本登记。

艾氏剂（aldrin）

$C_{12}H_8Cl_6$，364.9，309-00-2

化学名称　(1α,4α,4aβ,5α,8α,8aβ)-1,2,3,4,10,10-六氯-1,4,4a,5,8,8a-六氢-1,4:5,8-二亚甲基萘。

手性特征　含有一对对映体。

理化性质　纯品为白色结晶，无味，熔点104～104.5℃，相对密度1.56，20℃时蒸气压为8.6mPa，不溶于水，中度溶于石油，易溶于丙酮、苯和二甲苯。工业原粉为棕黄色片状结晶，熔点为 $100\sim102℃$。化学性质稳定，在有机碱、无机碱、碱性氧化剂中都很稳定，在酸性溶液中也较稳定。但在强酸、强氧化剂和苯酚中则分解失效。

毒性 对高等动物毒性高，急性口服 LD_{50}（mg/kg）：大白鼠 67，对鱼剧毒。

对映体性质差异 未见报道。

用途 作为一种有机氯杀虫剂，防治蝗螨、蚁类、根蛆、蝼蛄、蛴螬、蟓象、象鼻虫和金针虫等地下害虫，用油剂喷雾直接防治白蚁。

登记信息 已被列入 POPs 公约（《关于持久性有机污染物的斯德哥尔摩公约》），全球禁限用。

巴毒磷（crotoxyphos）

$C_{14}H_{19}O_6P$，314，7700-17-6

化学名称 *cis*-1-甲基-2-(1-苯基乙氧基羰基) 乙烯基磷酸二甲酯。

其他名称 赛吸磷。

手性特征 具有一个手性碳，含有一对对映体。

理化性质 淡黄色液体，有轻微的酯味。沸点为 $135℃$，$20℃$时的蒸气压为 $1.87mPa$。室温下水中的溶解度约为 $1g/L$，略溶于煤油和饱和烃类，可溶于丙酮、三氯甲烷和其他多氯烃、乙醇、2-丙醇，可与二甲苯混溶。在烃溶剂中稳定，但遇水分解。水溶液在 $38℃$半衰期为 35h（pH9）和 87h（pH1）。

毒性 急性口服 LD_{50}（mg/kg）：大鼠 2.3，小鼠 90。急性经皮 LD_{50}（mg/kg）：兔 385。以含 900mg/kg 巴毒磷的饲料喂雄鼠、以含 300mg/kg 巴毒磷的饲料喂雌鼠 90d，既不影响其发育，也未发现有组织病理变化。

对映体性质差异 未见报道。

用途 对家畜体外寄生虫具有速效和中度特效，被推荐用来防治牛和猪身体上的蝇、螨和蜱。

登记信息 世界卫生组织（WHO）规定停用农药之一，全球禁限用。

苯腈磷（cyanofenphos）

$C_{15}H_{14}NO_2PS$，303.3，13067-93-1

化学名称 O-乙基-O-对氰基苯基苯基硫代磷酸酯。

手性特征 具有一个手性磷原子，含有一对对映体。

理化性质 白色结晶固体，熔点83℃，蒸气压1.76mPa（25℃），30℃时在水中的溶解度为0.6mg/L，中度溶于酮和芳香族溶剂。

毒性 急性经口LD_{50}（mg/kg）：大鼠89，雄小鼠43.7。

对映体性质差异 杀虫活性R-（＋）体是S-（－）体的20倍，对小鼠的毒性相差不大，降解速度S体＞R体。

用途 属高毒有机磷杀虫剂，对稻螟虫、稻瘿蚊、棉铃虫、鳞翅目幼虫和部分蔬菜害虫有效。

登记信息 WHO规定停用农药之一，全球禁限用。

苯硫磷（EPN）

$C_{14}H_{14}NO_4PS$，323.3，2104-64-5

化学名称 O-乙基-O-对硝基苯基苯基硫代磷酸酯。

手性特征 具有一个手性磷，含有一对对映体。

理化性质 纯品为淡黄色结晶粉末，工业品为深琥珀色液体。蒸气压0.04Pa（100℃），熔点36℃，沸点100℃，相对密度为1.27（25℃）；折射率为1.5978。不溶于水，可溶于大多数有机溶剂；在中性和酸性介质中稳定，遇碱水解。

毒性 急性经口 LD$_{50}$（mg/kg）：雄大鼠 33～42，雌大鼠 14，小鼠 50～100。急性经皮 LD$_{50}$（mg/kg）：大鼠 110～230。

对映体性质差异 杀虫活性：R-（+）体＞S-（－）体；对鸡、小鼠的毒性 R-（+）体＞S-（－）体，而对鸡的麻痹作用 S-（－）体＞R-（+）体[1]。

用途 非内吸性杀虫剂和杀螨剂，具有触杀、胃毒和熏蒸作用。用于水稻、棉花等作物上防治多种鳞翅目食叶害虫。用于防治棉蚜虫、棉红蜘蛛、稻螟虫、菜青虫等，通常喷雾施用。

农药剂型 45%乳油，1.5%粉剂。

登记信息 WHO 规定停用农药之一，全球禁限用。

苯醚菊酯（phenothrin）

C$_{23}$H$_{26}$O$_3$，350.5，26046-85-5

化学名称 （1RS,3RS）-菊酸-3-苯氧基苄基酯。

手性特征 具有两个手性碳，含有两对对映体。

理化性质 淡黄色透明液体，有微弱的特殊气味。沸点＞290℃（760mmHg），闪点 107℃，蒸气压 1.9×10^{-2}mPa（21.4℃），正辛醇-水分配系数 lgK_{OW}=6.01（20℃）。相对密度 1.06（20℃）。在水中溶解度小于 9.7μg/L（25℃），甲醇中大于 5.0g/mL（25℃），己烷大于 4.96g/mL（25℃）。正常条件下存储稳定，碱性条件下水解。

毒性 急性口服 LD$_{50}$（mg/kg）：大鼠＞5000，山齿鹑＞2500；急性经皮 LD$_{50}$（mg/kg）：2000。

对映体性质差异 未见报道。

用途 对昆虫具有触杀和胃毒作用，用于防治卫生害虫、农业害虫和贮粮害虫。主要用于防治虱、跳蚤和蝇等害虫。

农药剂型 10%右旋苯醚菊酯水乳剂，2%气雾剂，0.8%喷射剂，0.8%粉剂，0.08%饵剂；混剂有 2%苯醚菊酯·丙烯菊酯超低容量液剂，0.23%、0.44%、0.55%杀虫气雾剂，0.3%杀虫微囊悬浮剂，22%杀虫烟雾剂等。

登记信息 在中国、美国、加拿大、日本、韩国、澳大利亚等国家登记，巴西、印度等国家未登记，欧盟未批准。1976 年最先在日本登记。

苯醚氰菊酯（cyphenothrin）

$C_{24}H_{25}NO_3$，375.5，39515-40-7

化学名称　（1RS,3RS）-菊酸-（RS）-α-氰基-3-苯氧基苄基酯。

手性特征　具有三个手性碳，含有四对对映体。

理化性质　黄色黏性液体，有微弱的特殊气味。沸点 154℃（0.1mmHg），闪点 204℃（工业品），蒸气压 0.12mPa（20℃）；0.4mPa（30℃），正辛醇-水分配系数 $\lg K_{OW} = 6.29$。相对密度 1.08（25℃）。在水中溶解度 9.01μg/L（25℃），甲醇中 9.27μg/L，己烷中 48.4g/kg。对光稳定，在 275℃分解。

毒性　急性经口 LD_{50}（mg/kg）：雌大鼠 419，雄大鼠 318，大鼠 5000。对皮肤和眼睛无刺激，急性吸入 LC_{50}（3h）（mg/m³）：大鼠＞1850。

对映体性质差异　未见报道。

用途　防治家庭、公共卫生和工业害虫。主要用于防治蝇、蚜虫等害虫。

农药剂型　10%右旋苯醚氰菊酯微囊悬浮剂，7.2%烟雾剂，6.5%、7%烟片，7.2%、8.8%蟑香；混剂有 10%、15%苯氰·残杀威乳油，5.6%、5.8%高氯·胺·苯氰水乳剂，160g/L 苯氰·右胺菊乳油，0.45%杀蝇气雾剂，0.3%、0.4%、0.5%、0.6%杀虫气雾剂，0.3%、0.4%、0.5%杀蟑气雾剂，10%杀蟑烟片等。

登记信息　在中国、加拿大、印度、日本、澳大利亚等国家登记，美国、韩国、巴西等国家未登记，欧盟未批准。1986 年最先在日本登记。

苯线磷（fenamiphos）

$C_{13}H_{22}NO_3PS$，303.4，22224-92-6

化学名称　O-乙基-O-（3-甲基-4-甲硫基）苯基异丙基氨基磷酸酯。

其他名称　克线磷；力满库。

手性特征 具有一个手性磷，含有一对对映体。

理化性质 纯品为无色结晶，纯品熔点为 49.2℃，工业品熔点为 46℃，闪点约 200℃。蒸气压 0.12mPa（20℃），相对密度 1.191（23℃），20℃溶解度：水中 0.4g/L，二氯甲烷、甲苯、异丙醇中＞200g/L，己烷中 10～20g/L。22℃水解 DT_{50} 为 1 年（pH4）、8 年（pH7）和 3 年（pH9）。

毒性 急性经口 LD_{50}（mg/kg）：大鼠（雄、雌）约 6，鹌鹑 0.7～1.6。急性经皮 LD_{50}（mg/kg）：大鼠约 80，对兔皮肤和眼睛有轻微刺激。急性吸入 LC_{50}（mg/L）：（4h）大鼠约 0.12 空气（气溶胶）；（96h）蓝鳃太阳鱼 0.0096，虹鳟 0.072；水蚤（48h）0.0019。ADI（mg/kg）：人 0.0005。

对映体性质差异 未见报道。

用途 有机磷杀线虫剂，具有触杀和内吸作用，能有效地防治线虫，对蓟马和粉虱等亦有效。用于防治花生根线虫（沟施，制剂 4500～6000g/hm²）；禁止在蔬菜、果树、茶叶、中草药材上使用。

农药剂型 10%颗粒剂。

登记信息 在美国、澳大利亚登记，中国、韩国、巴西、印度、加拿大等国家未登记，欧盟未批准。

吡丙醚（pyriproxyfen）

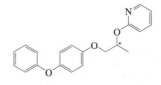

C$_{20}$H$_{19}$NO$_3$，321.5，95737-68-1

化学名称 4-苯氧基苯基-(2RS)-2-(2-吡啶基氧) 丙基醚。

其他名称 蚊蝇醚。

手性特征 吡丙醚具有一个手性碳，含有一对对映体。

理化性质 纯品为晶体；相对密度 1.23（20℃）；熔点 45～47℃；蒸气压 0.29mPa（20℃）；溶解度（mg/kg）(20～25℃)：己烷 400、甲醇 200、二甲苯 500。

毒性 急性经口 LD_{50}（mg/kg）：大鼠大于 5000。急性经皮 LD_{50}（mg/kg）：大鼠大于 2000。对兔眼睛和皮肤无刺激。

对映体性质差异 未见报道。

用途 属苯醚类杀虫剂，是一种可防治蟑螂的昆虫生长调节剂，主要用来防治公共卫生害虫，如蟑螂、蚊、蝇、毛、蠓、蚤等。防治蚊（50mg/m²）、蝇（100mg/m²；颗粒剂撒施，水乳剂、微乳剂、乳油兑水室外喷洒）。还可防治番茄白粉虱（71.25～90g/hm²，喷雾）、柑橘树木虱（66.7～100mg/kg，喷雾）。

农药剂型　10％、100g/L乳油，0.5％颗粒剂，1％粉剂，5％水乳剂，5％微乳剂，10％悬浮剂等；混剂有10％高氯·吡丙醚微乳剂，30％吡丙·噻虫嗪悬浮剂，15％氟啶·吡丙醚悬浮剂，24％、30％螺虫·吡丙醚悬浮剂，20％吡蚜·吡丙醚悬浮剂，25％吡丙·噻嗪酮悬浮剂，20％甲维·吡丙醚悬浮剂，30％吡丙·虫螨腈悬浮剂，9％吡丙·噻虫嗪可溶液剂，5％杀虫颗粒剂等。

登记信息　在中国、美国、加拿大、印度、澳大利亚等国家登记，韩国、巴西等国家未登记，欧盟批准。

吡唑硫磷（pyraclofos）

$C_{14}H_{18}ClN_2O_3PS$，360.8，77458-01-6

化学名称　(RS)-[O-1-(4-氯苯基)吡唑-4-基]-O-乙基-S-丙基硫代磷酸酯。

其他名称　氯吡唑磷。

手性特征　具有一个手性磷，含有一对对映体。

理化性质　淡黄色油状液体，相对密度1.271（28℃），沸点164℃（1.33Pa），蒸气压1.6mPa（20℃），水中溶解度为33mg/L（20℃），微溶于正己烷，20℃时在水中溶解度33mg/L。25℃水解半衰期：113d（pH5）、29d（pH7）和11h（pH9）。在土壤中半衰期为50d。

毒性　急性经口LD_{50}（mg/kg）：大鼠（雄、雌）237；小鼠（雄）575、小鼠（雌）420。经皮毒性LD_{50}（mg/kg）：大鼠（雄、雌）＞2000。吸入LC_{50}（mg/L）：大鼠（雄）1.69、大鼠（雌）1.46。对大鼠和小鼠试验表明无致癌作用。对鸟和蜜蜂均属中等毒性。

对映体性质差异　R体对于斑马鱼的急性毒性、发育毒性和免疫毒性均大于S体[2]。

用途　防治鳞翅目、鞘翅目、蚜虫、双翅目和蟑螂等多种害虫，对叶螨科螨、根螨属螨、蜱和线虫也有效。

登记信息　在澳大利亚登记，中国、美国、韩国、巴西、印度、加拿大等国家未登记，欧盟未批准。

苄呋菊酯（resmethrin）

$C_{22}H_{26}O_3$，338.4，10453-86-8

化学名称　（1RS,3RS）-菊酸-5-苄基-3-呋喃甲基酯。

其他名称　灭虫菊。

手性特征　具有两个手性碳，含有两对对映体。

理化性质　纯品为白色晶体，工业品为黄色至棕色蜡状固体，有显著的除虫菊的气味。熔点 56.5℃［纯（1RS）-反式异构体］。沸点＞180℃，蒸气压＜0.01mPa（25℃），正辛醇-水分配系数 $\lg K_{OW}=5.43$（25℃）。相对密度 0.958～0.968（20℃）。在水中溶解度 37.9μg/L（25℃），有机溶剂（质量浓度，20℃）：丙酮约30%，三氯甲烷、二氯甲烷、乙酸乙酯、甲苯＞50%，二甲苯＞40%，乙醇、正辛醇约6%。对热和氧化稳定，暴露在空气和光照下易分解，闪点129℃。

毒性　急性口服 LD_{50}（mg/kg）：大鼠＞2500。急性经皮 LD_{50}（mg/kg）：大鼠＞3000。对皮肤和眼睛无刺激性，对皮肤无致敏性。

对映体性质差异　未见报道。

用途　适用于家庭、畜舍、仓库等场地的蚊、蝇、蟑螂等卫生害虫的防治。主要用于防治蝇、蚜虫等。

农药剂型　88%右旋苄呋菊酯。

登记信息　在中国、韩国、美国、日本等国家登记，澳大利亚、巴西、印度、加拿大等国家未登记，欧盟未批准。1971年最先在日本登记。

苄呋烯菊酯（bioethanomethrin）

$C_{24}H_{28}O_3$，364.50，22431-62-5

化学名称　5-苄基-3-呋喃甲基-（1RS,3RS）-3-环戊甲基亚基-2,2-二甲基环丙烷羧酸酯。

其他名称　戊环苄呋菊酯。

手性特征　具有两个手性碳，含有两对对映体。

理化性质　淡黄色黏稠液体，不溶于水，能溶于多种有机溶剂，性质较稳定。

毒性　急性口服 LD_{50}（mg/kg）：大鼠 63。静脉注射 LD_{50}（mg/kg）：5～10。

对映体性质差异　未见报道。

用途　拟除虫菊酯类杀虫剂，对家蝇、德国小蠊、杂拟谷盗、锯谷盗、谷象等昆虫高效；对马铃薯象甲、梨木虱等亦有较好的防治效果。

登记信息　在中国、美国、韩国、澳大利亚、巴西、印度、加拿大等国家未登记，欧盟未批准。

苄菊酯（dimethrin）

$C_{19}H_{26}O_2$，286.17，70-38-2

化学名称　（1RS,3RS）-菊酸-2,4-二甲基苄基酯。

手性特征　具有两个手性碳，含有两对对映体。

理化性质　工业品为琥珀色油状液体，沸点 167～170℃（267Pa）和 175℃（507Pa）。不溶于水。可溶于石油烃、醇类和二氯甲烷。遇强碱能分解。

毒性　急性口服 LD_{50}（g/kg）：大鼠 4。口服致死最低量（mg/kg）：人 500。急性吸入 LC_{50}（mg/L）：虹鳟（48h）0.7。

对映体性质差异　未见报道。

用途　具有触杀作用的拟除虫菊酯类杀虫剂，对蚊幼虫、虱子和蝇类有良好的杀伤力，但对家蝇的毒力比天然除虫菊素差。主要用于防治蚊和蝇。

登记信息　在美国登记，在中国、韩国、澳大利亚、巴西、印度、加拿大等国家未登记，欧盟未批准。

苄烯菊酯（butethrin）

$C_{20}H_{25}ClO_2$，332.9，28288-05-3

化学名称 3-苄基-3-氯-2-丙烯基-(1*RS*,3*RS*)-菊酸酯。

手性特征 具有两个手性碳，含有两对对映体。

理化性质 淡黄色油状液体，沸点 142～145℃（16Pa），工业品纯度 85.9％。不溶于水，能溶于丙酮等多种有机溶剂。

毒性 急性口服 LD_{50}（g/kg）：大鼠＞20。

对映体性质差异 未见报道。

用途 拟除虫菊酯类杀虫剂，对卫生害虫具有较强的击倒和杀伤作用，对蚊幼虫高效。

登记信息 在中国、美国、韩国、澳大利亚、巴西、印度、加拿大等国家未登记，欧盟未批准。

丙硫磷（prothiofos）

$C_{11}H_{15}Cl_2O_2PS_2$，345.2，34643-46-4

化学名称 *O*-(2,4-二氯苯基)-*O*-乙基-*S*-丙基二硫代磷酸酯。

其他名称 低毒硫磷。

手性特征 具有一个手性磷，含有一对对映体。

理化性质 无色液体；相对密度 1.31（20℃）；沸点 125～128℃（13.33Pa），164～167℃（23.99Pa）；折射率 1.5860；20℃时在水中溶解度为 0.07mg/kg，在二氯甲烷、异丙醇、甲苯＞200g/L。在缓冲溶液中 DT_{50}（22℃）120d（pH 为 4 时）、280d（pH 为 7 时）和 12d（pH 为 9 时）。

毒性 急性经口 LD_{50}（mg/kg）：雄大鼠 1569，雌大鼠 1390，小鼠约 2200。急性经皮 LD_{50}（g/kg）：(24h)＞5g/kg。对兔皮肤和眼睛无刺激。对皮肤有致敏作用。

对映体性质差异 *R*-(－)体药效比 *S*-(＋)体高 5 倍。

用途 有机磷杀虫剂，具有胃毒和触杀作用，对鳞翅目幼虫有特效。用于防治鳞翅目幼虫。

登记信息 在澳大利亚登记，中国、美国、韩国、巴西、印度、加拿大等国家未登记，欧盟未批准。

丙溴磷（profenofos）

$C_{11}H_{15}BrClO_3PS$，373.6，41198-08-7

化学名称　O-4-溴-2-氯苯基-O-乙基-S-丙基硫代磷酸酯。

其他名称　多虫清；多虫磷。

手性特征　具有一个手性磷，含有一对对映体。

理化性质　纯品为淡黄色液体；沸点 100℃（1.80Pa），折射率 1.5466，相对密度 1.455（20℃），25℃在水中的溶解度为 28mg/L。可溶于甲醇、丙酮、乙醚、三氯甲烷等有机溶剂。在中性和酸性的条件下稳定，在碱性条件下易分解。

毒性　急性经口 LD_{50}（mg/kg）：大鼠 358，兔 700。急性经皮 LD_{50}（mg/kg）：大鼠约 3300，兔 472。对兔皮肤有轻微刺激，对眼睛有中等刺激。对蜜蜂有毒。

对映体性质差异　（－）-丙溴磷对大鼠肾上腺嗜铬细胞瘤（PC12）细胞的细胞毒性和基因毒性大于（＋）-丙溴磷[3]。

用途　非内吸性广谱杀虫剂，有触杀和胃毒作用，能防治棉花、蔬菜、果树等害虫和螨类。用于防治甘蓝小菜蛾（喷雾，390～450g/hm²）、水稻稻纵卷叶螟（喷雾，450～750g/hm²）、棉铃虫（喷雾，562.5～937.5g/hm²）、甘薯茎线虫（沟施、穴施，3000～4500g 制剂/hm²）等，不得在果园中使用。

农药剂型　20％、40％、50％、500g/L、720g/L 乳油；10％颗粒剂；20％微乳剂；50％水乳剂；混剂有 10％、22％、44％、440g/L 氯氰·丙溴磷乳油，25％、40％丙溴·辛硫磷乳油，15.2％、20％、24.3％、31％、40.2％甲维·丙溴磷乳油，25％丙溴·灭多威乳油，20％、25.5％、37％、40％阿维·丙溴磷乳油，40％丙溴·敌百虫乳油，32％丙溴·氟铃脲乳油，30％氟啶·丙溴磷乳油，40％、50％丙溴·炔螨特乳油，40％丙溴·毒死蜱乳油，55％丙·虱螨脲乳油，12％氯氟·丙溴磷乳油，23％丙溴·辛硫磷微乳剂等。

登记信息　在中国、澳大利亚、美国登记，韩国、巴西、印度、加拿大等国家未登记，欧盟未批准。

除虫菊素Ⅱ（pyrethrin Ⅱ）

$C_{22}H_{27}O_5$，372.45，121-29-9

化学名称 2,2-二甲基-3-[2-(甲氧羰基)-1-丙烯基]环丙烷酸-[2-甲基-4-氧代-3-(2,4-戊二烯基)-2-环戊烯-1-基]酯。

手性特征 具有三个手性碳，含有四对对映体。

理化性质 浅黄色油状黏稠物，不溶于水，易溶于有机溶剂。对光、热、酸、碱均不稳定，易分解，在空气中也不稳定，加入抗氧化剂可缓解其氧化。

毒性 属低毒杀虫剂。急性经口 LD_{50}（mg/kg）：大鼠 584～900。急性经皮 LD_{50}（mg/kg）：大鼠＞1500。对人、畜安全，因分解快，残效期短，无残留，不污染环境，但对鱼有毒。

对映体性质差异 未见报道。

用途 天然除虫菊素，作用于细胞膜上的钠离子通道，对突触体上 ATP 酶的活性也有影响。可用于生产气雾杀虫剂、蚊香、动物香波及绿色农药等。主要用于防除卫生害虫。

农药剂型 1％、1.5％水乳剂，5％乳油，1.8％热雾剂；混剂有2％虫菊·印楝素微囊悬浮剂，0.5％虫菊·苦参碱可溶液剂，1.8％虫菊·苦参碱水乳剂，0.2％、0.4％、0.5％、0.6％、0.8％、0.9％气雾剂，0.8％电热蚊香液，15mg/片电热蚊香片等。

登记信息 在中国、美国、韩国、澳大利亚登记，欧盟批准，巴西、印度、加拿大等国家未登记。

除线威（cloethocarb）

$C_{11}H_{14}ClNO_4$，259.69，51487-69-5

化学名称 2-(2-氯-1-甲氧基乙氧基)苯基甲氨基甲酸酯。

其他名称 地虫威。

手性特征 具有一个手性碳，含有一对对映体。

理化性质 无色结晶固体，熔点80℃。蒸气压0.01mPa（20℃）。溶解度（20℃）：水1.3g/kg；丙酮、三氯甲烷>1kg/kg；乙醇153g/kg。在碱和酸性条件下水解。

毒性 急性口服 LD_{50}（mg/kg）：大鼠35.4。急性口服 LD_{50}（g/kg）：大鼠4。对鱼和野生动物有毒。

对映体性质差异 未见报道。

用途 对多种土壤害虫和线虫有显著活性，主要防治对象有玉米根叶甲和长角叶甲、马铃薯叶甲、金针虫、甜菜隐食甲、蚜虫、介壳虫、梨木虱、毛虫、马陆、根线虫、刺线虫等。

登记信息 在中国、美国、韩国、澳大利亚、巴西、印度、加拿大等国家未登记，欧盟未批准。

稻丰散（phenthoate）

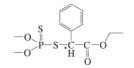

$C_{12}H_{17}O_4PS_2$，320.4，2597-03-7

化学名称 S-α-乙氧基羰基苄基-O,O-二甲基二硫代磷酸酯。

其他名称 甲基乙酯磷；益尔散。

手性特征 具有一个手性碳，含有一对对映体。

理化性质 纯品为无色具有芳香味结晶，蒸气压5.33mPa（40℃）；闪点168～172℃；熔点17～18℃；沸点186～187℃（667Pa）；25℃时在水中的溶解度为10mg/L，溶于大多数有机溶剂；相对密度1.226（20℃）；在酸性介质中稳定，在碱性介质中（pH9.7）放置20d可降解25%。

毒性 急性经口 LD_{50}（mg/kg）：大鼠410；小鼠249～270；兔72；野鸭218；鹌鹑300。急性经皮 LD_{50}（g/kg）：大鼠>5。

对映体性质差异 杀蚊子、黏虫活性（＋）体>（－）体，对家蝇活性（－）体>（＋）体[4]。

用途 是高效、广谱、低毒、低残留的非内吸性有机磷杀虫杀卵杀螨剂。具有触杀和胃毒作用。用于防治水稻、棉花、果树、蔬菜及其他作物上的害虫，对多种咀嚼式口器和刺吸式口器害虫有效。用于防治水稻稻纵卷叶螟、褐飞虱（900～1050g/hm²，喷雾）、二化螟（540～900g/hm²，喷雾）、柑橘树介壳虫（333～500mg/kg，喷雾）。

农药剂型　50％、60％乳油；40％水乳剂；混剂有45％阿维·稻丰散水乳剂，31％稻散·甲维盐水乳剂，45％稻丰散·噻嗪酮乳油，40％稻丰散·高氯氟乳油，45％稻丰散·毒死蜱乳油，40％稻丰散·仲丁威乳油，40％稻丰散·三唑磷乳油。

登记信息　在中国、美国、印度登记，韩国、澳大利亚、巴西、加拿大等国家未登记，欧盟未批准。

o,p′-滴滴滴（o,p′-DDD）

$C_{14}H_{10}Cl_4$，320.0，53-19-0

化学名称　1-氯-2-[2,2-二氯-1-(4-氯苯基)乙基]苯。

手性特征　具有一个手性碳，含有一对对映体。

理化性质　白色结晶，熔点76～78℃，溶于乙醇、异辛烷、四氯化碳。

毒性　急性经口LD_{50}（mg/kg）：大鼠大于5000，小鼠大于4000。

对映体性质差异　R体对大鼠细胞（PC12）的细胞毒性大于S体[5]。

用途　是一种兼触杀和胃毒作用、无内吸性的杀虫剂，杀虫广谱。

登记信息　已被列入POPs公约，全球禁限用。

o,p′-滴滴涕（o,p′-DDT）

$C_{14}H_9Cl_5$，354.5，789-02-6

化学名称　(2RS)-2-邻氯苯基-2-对氯苯基-1,1,1-三氯乙烷。

其他名称 2,4'-滴滴涕；邻,对'-滴滴涕。

手性特征 具有一个手性碳，含有一对对映体。

理化性质 白色结晶状固体或淡黄色粉末，几乎无臭。闪点11℃，熔点108～109℃，水中溶解性0.085mg/L（25℃），蒸气压5.56Pa。

毒性 急性经口LD_{50}（mg/kg）：大鼠大于1，小鼠大于1。

对映体性质差异 （－）-o,p'-DDT与雌激素受体的结合能力远强于（＋）-o,p'-DDT，因而具有更强的内分泌干扰作用。

用途 用于防治森林害虫以及卫生害虫。

登记信息 已被列入POPs公约，全球禁限用。

狄氏剂（dieldrin）

$C_{12}H_8Cl_6O$，380.91，60-57-1

化学名称 1,2,3,4,10,10-六氯-6,7-环氧-1,4,4,5,6,7,8,8-八氢-1,4-桥-5,8-二亚甲基萘。

手性特征 含有一对对映体。

理化性质 白色结晶。熔点176～177℃。溶于苯、二甲苯、四氯化碳等有机溶剂，几乎不溶于水。在酸碱介质中及对光皆稳定，能与多数农药、肥料混合。

毒性 剧毒。急性口服LD_{50}（mg/kg）：大鼠38.3；小鼠38.3。

对映体性质差异 未见报道。

用途 接触性杀虫剂，无内吸性，有一定特效，对大多数昆虫有强触杀和胃毒的活性。

登记信息 已被列入POPs公约，全球禁限用。

敌百虫（trichlorfon）

$C_4H_8Cl_3O_4P$，257.4，52-68-6

化学名称　O,O-二甲基-(2,2,2-三氯-1-羟基乙基)磷酸酯。

手性特征　具有一个手性碳，含有一对对映体。

理化性质　纯品为无色晶体；熔点 83～84℃，沸点 96℃（1.66Pa），蒸气压 0.21mPa（20℃），相对密度 1.73（4℃）。室温下水中溶解度为 15%，溶于三氯甲烷、苯，微溶于乙醚和四氯化碳，不溶于石油。固体状态时，化学性质很稳定，配成水溶液后逐渐分解失效，在酸性溶液中较稳定，碱性溶液中转变为毒性更高、挥发性更强的敌敌畏。

毒性　急性经口 LD_{50}（mg/kg）：大鼠 250，小鼠 400～600。急性经皮 LD_{50}（mg/kg）：小鼠 1700～1900。微生物致突变性：鼠伤寒沙门菌 3400nmol/皿。哺乳动物体细胞突变性：小鼠淋巴细胞 80mg/L。姊妹染色单体交换：仓鼠肺 20mg/L。致癌性：疑致肿瘤。在 pH 大于 5.5 时敌百虫可转变为毒性更大的敌敌畏。敌百虫对高粱、豆类、玉米易发生药害，对苹果、花卉也会有药害，对蜜蜂有毒。

对映体性质差异　未见报道。

用途　为毒性低、杀虫谱广的有机磷杀虫剂，具有触杀和胃毒作用，对植物有渗透性。对双翅目、鳞翅目、鞘翅目害虫都很有效，适用于防治粮食、棉花、果树、蔬菜、油料、烟草、茶叶等各种作物害虫以及卫生害虫和家畜体外寄生虫。用于防治二化螟（喷雾，1080～1200g/hm^2）、菜青虫（喷雾，450～675g/hm^2）、茶尺蠖（喷雾，稀释 700～1400 倍）等。

农药剂型　30%、40% 乳油；80%、90% 可溶性粉剂；混剂有 15% 二嗪·敌百虫颗粒剂，3%、4.5% 敌百·毒死蜱颗粒剂，3% 克百·敌百虫颗粒剂，30%、40%、50% 敌百·毒死蜱乳油，40% 丙溴·敌百虫乳油，40% 乐果·敌百虫乳油，40% 敌百·氧乐果乳油，30%、40%、50% 敌百·辛硫磷乳油，50% 唑磷·敌百虫乳油，20%、25% 氯氰·敌百虫乳油，25% 敌百·鱼藤酮乳油等。

登记信息　在中国、美国、加拿大、印度、澳大利亚等国家登记，韩国、巴西等国家未登记，欧盟未批准。

敌螨普（dinocap）

$C_{18}H_{24}N_2O_6$，364.3，39300-45-3

化学名称 2-异辛基-4,6-二硝基苯基-2-丁烯酸酯。

其他名称 硝螨普。

手性特征 敌螨普具有一个手性碳，含有一对对映体。

理化性质 暗红黏稠液体，刺鼻气味，熔点 $-22.5℃$，沸点 $138 \sim 140℃$（0.05mmHg）。蒸气压 3.33×10^{-3} mPa（25℃）。相对密度 1.10（20℃），在水中溶解度 0.151mg/L，在 1,2-二氯乙烷、丙酮、乙酸乙酯和二甲苯中 >250 g/L。在浓碱和酸性条件下水解。

毒性 急性口服 LD_{50}（mg/kg）：雄大鼠 990，雌大鼠 1212。急性经皮 LD_{50}（mg/kg）：兔 $\geqslant 2000$。

对映体性质差异 未见报道。

用途 为非内吸性杀螨剂，亦具一定接触性杀菌作用。用于防治苹果、柑橘、梨、葡萄、黄瓜、甜瓜、西瓜、南瓜、草莓、蔷薇和观赏植物的红蜘蛛和白粉病，以及桑树白粉病和茄子红蜘蛛，都有良好的防治效果。还有杀螨卵的作用。

登记信息 在印度、美国、澳大利亚登记，中国、韩国、巴西、加拿大等国家未登记，欧盟未批准。

地虫硫磷（fonofos）

$C_{10}H_{15}OPS_2$，246.3，944-22-9

化学名称 O-乙基-S-苯基二硫代膦酸乙酯。

手性特征 具有一个手性磷，含有一对对映体。

理化性质 纯品为无色液体，具有芳香气味，沸点约 130℃（13.3Pa），25℃的蒸气压为 2.79×10^{-2} Pa，水中溶解度 13mg/L（22℃），可与丙酮、乙醇、煤油、二甲苯等混溶。闪点 179℃。

毒性 急性经口 LD_{50}（mg/kg）：雄大鼠 11.5，雌大鼠 5.5。急性经皮 LD_{50}（mg/kg）：大鼠 147，兔 $32 \sim 261$。急性吸入 LC_{50}（mg/L）(48h)：虹鳟鱼 0.45。急性经口 LC_{50}（mg/L）：鹌鹑 133。对皮肤及眼睛无刺激作用。在试验剂量内对动物无致畸、致突变、致癌作用；对鱼及鸟类毒性较高，对人畜高毒。

对映体性质差异 杀虫活性 R 体 $>S$ 体；对小鼠毒性 R 体 $>S$ 体；对大型溞、网纹蚤毒性（-）体 $>$（+）体[6,7]。

用途 广谱性的土壤杀虫剂，对害虫具有很强的触杀作用，在土壤中持效期较长，有效防治地下害虫。用于防治花生蛴螬（1500～2250g/hm^2）、甘蔗蔗龟（3000～4500g/hm^2，沟施）等，禁止在蔬菜、果树、茶叶、中草药材上使用。

农药剂型　3%、5%颗粒剂。

登记信息　在美国登记，在中国、韩国、澳大利亚、巴西、印度、加拿大等国家未登记，欧盟未批准。

丁虫腈（flufiprole）

C$_{16}$H$_{10}$Cl$_2$F$_6$N$_4$OS，489.99，704886-18-0

化学名称　3-氰基-5-甲代烯丙基氨基-1-(2,6-二氯-4-三氟甲基苯基)-4-三氟甲基亚磺酰基吡唑。

手性特征　具有一个手性轴，含有一对对映体。

理化性质　白色粉末，熔点172～174℃。25℃溶解度：水0.02g/L，乙酸乙酯260.02g/L。常温在酸碱下稳定。

毒性　急性经口LD$_{50}$（mg/kg）：雄大鼠＞4640，雌大鼠＞4640，鹌鹑＞2000。急性经皮LD$_{50}$（mg/kg）：雌、雄大鼠均＞2150。对眼睛为重度刺激，对皮肤具有弱致敏性。急性吸入LC$_{50}$（mg/L）：蚕＞5000，斑马鱼（96h）19.62。对蜜蜂高毒。Ames试验及遗传毒性试验为阴性。

对映体性质差异　R体的杀虫活性高于S体。R体对斜生栅藻和稻螟赤眼蜂的毒性是S体的3.7～5.7倍。[8]

用途　苯基吡唑类新型广谱杀虫剂，可应用于水稻、棉花、蔬菜、玉米、果树等作物上防治鳞翅目、鞘翅目、半翅目等的幼虫及成虫，持效期长，且对作物无药害。用于防治甘蓝小菜蛾（5%乳油20～40mL/亩[❶]，喷雾）、水稻二化螟（30～50mL/亩，喷雾）。

农药剂型　5%乳油，80%水分散粒剂，0.2%饵剂；混剂有5%阿维·丁虫腈乳油。

登记信息　在中国登记，美国、韩国、澳大利亚、巴西、印度、加拿大等国家未登记，欧盟未批准。

---

❶ 1亩＝666.7m^2。

丁基嘧啶磷（tebupirimfos）

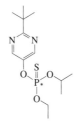

C$_{13}$H$_{23}$N$_2$O$_3$PS，318.37，96182-53-5

化学名称　（RS）-O-(2-叔丁基嘧啶-5-基)-O-乙基-O-异丙基磷酸酯。

手性特征　具有一个手性磷，含有一对对映体。

理化性质　纯品为无色液体，蒸气压为 3.89mPa（20℃），沸点为 135℃（0.2kPa），在碱性下水解，能溶于醇、酮、甲苯等多种有机溶剂，在 pH7、20℃下水中的溶解度为 5.5mg/L。正辛醇-水分配系数为 8500（20℃）。

毒性　急性经口 LD$_{50}$（mg/kg）：雄性大鼠 2.9～3.6，雌性大鼠 1.3～1.8；雄性小鼠 14.0，雌性小鼠 9.3。急性经皮 LD$_{50}$（24h）(mg/kg)：雄性大鼠 31.0，雌性大鼠 9.4。

对映体性质差异　未见报道。

用途　有机磷杀虫剂，对叶甲属害虫有高活性及足够的持效性，特别适用于玉米田。对叶甲属中所有重要害虫均有优异防效。

登记信息　在中国、美国、韩国、澳大利亚、巴西、印度、加拿大等国家未登记，欧盟未批准。

丁酮砜威（butoxycarboxim）

C$_7$H$_{14}$N$_2$O$_4$S，222.26，34681-23-7

化学名称　3-甲磺酰基-2-丁酮-O-甲基氨基甲酰肟。

其他名称　硫酰卡巴威。

手性特征　具有一个手性碳，含有一对对映体。含有双键，具有顺反异构体。

理化性质 产品为无色结晶，熔点 85～89℃。蒸馏时分解。20℃时蒸气压为 0.267mPa，相对密度为 1.21。溶解性：水中 209g/L、丙酮中 172g/L、四氯化碳中 5.3g/L、三氯甲烷中 186g/L、环己烷中 0.9g/L、庚烷中 100g/L、异丙醇中 101g/L、甲苯中 29g/L，极易溶于甲醇、三氯甲烷、二甲基甲酰胺、二甲亚砜等，稍溶于苯、乙酸乙酯和脂肪烃，难溶于石油醚和四氯化碳。在中性介质中稳定，但易被强酸和碱水解。工业品是 $E:Z$（85：15）两种异构体的混合物，纯反式异构体的熔点为 83℃。无腐蚀性。

毒性 急性口服原药 LD_{50}（mg/kg）：大鼠 458，兔 275。急性经皮 LD_{50}（g/kg）大鼠＞2。急性吸入 LC_{50}（96h）(g/L)：鲤鱼 1.75，虹鳟鱼 0.170。对蜜蜂有毒。

对映体性质差异 未见报道。

用途 氨基甲酸酯类杀虫剂，具有胃毒和触杀作用。可以防治观赏植物上的刺吸口器害虫如蚜虫、蓟马、螨等。

登记信息 在中国、美国、韩国、澳大利亚、巴西、印度、加拿大等国家未登记，欧盟未批准。

丁酮威（butocarboxim）

C₇H₁₄N₂O₂S，190.27，34681-10-2

化学名称 O-(N-甲基氨甲酰)-3-甲巯基丁酮肟。

其他名称 甲硫卡巴威。

手性特征 具有一个手性碳，含有一对对映体。

理化性质 工业品为浅棕色黏稠液体，在低温下可得白色结晶，熔点 37℃。相对密度为 1.12（20℃），蒸气压为 10.6mPa（20℃），蒸馏时分解。易溶于大多数有机溶剂，但略溶于四氯化碳和汽油。20℃时在水中溶解 3.5％，在 pH5～7 时稳定，能被强酸和碱水解。对水、光照和氧均稳定。工业品是顺式和反式异构体的混合物，顺式：反式＝15：85，纯反式异构体的熔点为 37℃。无腐蚀性。

毒性 急性口服 LD_{50}（mg/kg）：大鼠 153～215。急性经皮 LD_{50}（mg/kg）：兔 360。皮下注射 LD_{50}（mg/kg）：大鼠 188。急性吸入 LC_{50}（mg/L）(24h)：虹鳟鱼 35，金鱼 55，鲦鱼 70。对蜜蜂有毒。对眼有刺激。

对映体性质差异 未见报道。

用途 氨基甲酸酯类杀虫剂，具有触杀和胃毒作用，对刺吸式口器害虫有效的内吸剂，用于防治蚜虫、介壳虫、粉虱、蓟马等。

登记信息　在中国、美国、韩国、澳大利亚、巴西、印度、加拿大等国家未登记，欧盟未批准。

丁酯磷（butonate）

$C_8H_{14}Cl_3O_5P$，327.5，126-22-7

化学名称　O,O-二甲基-2,2,2-三氯-1-正丁羰氧乙基膦酸酯。

手性特征　具有一个手性碳，含有一对对映体。

理化性质　稍带酯味的无色油状液体，稍溶于水，易溶于二甲苯、乙醇、正己烷等有机溶剂。熔点－80℃以下，沸点143～145℃（1.07kPa），高于150℃即分解。相对密度为1.3998（20℃）（工业品1.3742），折射率为1.4740。对光稳定，可被碱水解，能与非碱性农药混用。

毒性　急性经口LD_{50}（mg/kg）：大鼠1100～1600。急性经皮LD_{50}（g/kg）：大鼠7。

对映体性质差异　未见报道。

用途　具有触杀活性，防治卫生害虫、家畜体外寄生虫、蚜虫、步行虫、蜘蛛等。

登记信息　在美国登记，在中国、韩国、澳大利亚、巴西、印度、加拿大等国家未登记，欧盟未批准。

毒壤磷（trichloronate）

$C_{10}H_{12}Cl_3O_2PS$，333.5，327-98-0

化学名称　O-乙基-O-2,4,5-三氯苯基乙基硫代膦酸酯。

其他名称　壤虫硫磷；壤虫磷。

手性特征　具有一个手性磷，含有一对对映体。

　　理化性质　琥珀色液体，在 20℃ 水中溶解度 50mg/L，溶于丙酮、乙醇、芳香烃类溶剂、煤油和氯代烃等有机溶剂。1.33Pa 下沸点为 108℃，蒸气压 2mPa（20℃），可被碱水解。

　　毒性　急性经口 LD_{50}（mg/kg）：大鼠 16～375，兔 25～50。

　　对映体性质差异　未见报道。

　　用途　具有触杀作用，无内吸性，作用机理为抑制昆虫胆碱酯酶活性，用于防治根蛆、金针虫及其他土壤害虫。

　　登记信息　在美国登记，在中国、韩国、澳大利亚、巴西、印度、加拿大等国家未登记，欧盟未批准。

多氟脲（noviflumuron）

$C_{17}H_7Cl_2F_9N_2O_3$，529.14，121451-02-3

　　化学名称　(RS)-1-[3,5-二氯-2-氟-4-(1,1,2,3,3,3-六氟丙氧基)苯基]-3-(2,6-二氟苯甲酰)脲。

　　手性特征　具有一个手性碳原子，含有一对对映体。

　　理化性质　原药白色无味结晶，相对密度 1.68（20℃），熔点 156.2℃，蒸气压 7.19×10^{-10} Pa（25℃），在非极性溶剂中溶解性很低。

　　毒性　急性经口 LD_{50}（mg/kg）：大鼠＞5000。

　　对映体性质差异　未见报道。

　　用途　杀虫剂，抑制几丁质的合成。白蚁接触后会渐渐死亡，因为白蚁不能蜕皮进入下一龄。主要是破坏白蚁和其他节肢动物的独有酶系统。

　　登记信息　在加拿大登记，中国、美国、韩国、澳大利亚、巴西、印度等国家未登记，欧盟未批准。

二溴磷（naled）

$C_4H_7Br_2Cl_2O_4P$，380.8，300-76-5

化学名称　1,2-二溴-2,2-二氯乙基二甲基磷酸酯。

其他名称　二溴灵，二溴敌敌畏。

手性特征　具有一个手性碳，含有一对对映体。

理化性质　工业品为淡琥珀色液体，纯品为白色结晶固体，高温下为无色黏稠油状液体，微有臭味；蒸气压 0.267Pa；熔点 26.5～27.5℃；沸点 110℃（0.066kPa）；不溶于水，易溶于芳烃，不溶于脂肪，能溶于丙酮、丙二醇等有机溶剂；高温和碱性条件下水解速度更快，在玻璃容器中稳定。对金属有腐蚀性。在金属和还原剂存在下失去溴，变成敌敌畏。

毒性　急性经口 LD_{50}（mg/kg）：大鼠 430；小白鼠 180。急性经皮 LD_{50}（mg/kg）：兔 300。微生物致突变：鼠伤寒沙门菌 500nmol/皿；大肠杆菌 20μL/皿。姊妹染色单体交换：人淋巴细胞 10nmol/L。致癌性：动物阳性。

对映体性质差异　未见报道。

用途　是一种高效、低毒、低残留的杀虫杀螨剂，具有触杀、胃毒作用，并有一定的熏蒸作用。主要用于防治卫生害虫，也可用于防治仓库害虫和农业害虫。用于防治苹果树蚜虫（333.3～500g/hm²，喷雾）等。

农药剂型　50%乳油；可与高效氯氰菊酯、马拉硫磷制成混剂使用。

登记信息　在美国、加拿大、澳大利亚登记，中国、韩国、巴西、印度等国家未登记，欧盟未批准。

反式氯丹（trans-chlordane）

$C_{10}H_6Cl_8$，409.8；5103-74-2

化学名称　$(1\alpha,2\beta,3a\alpha,4\beta,7\beta,7a\alpha)$-1,2,4,5,6,7,8,8-八氯-2,3,3a,4,7,7a-六氢-4,7-亚甲基-1H-茚。

手性特征　含有一对对映体。

理化性质　熔点 104～105℃，可溶于多种有机溶剂，遇碱不稳定，相对密度 1.8，沸点 424.7℃（760mmHg），闪点 212.5℃。

毒性　急性口服 LD_{50}（mg/kg）大鼠 1100，小鼠 275。

对映体性质差异　未见报道。

用途 具有触杀，胃毒及熏蒸作用，杀虫谱广，残效期长。

登记信息 已被列入 POPs 公约，全球禁限用。

氟胺氰菊酯（fluvalinate）

$C_{26}H_{22}ClF_3N_2O_3$，502.9，69409-94-5

化学名称 (RS)-α-氰基-3-苯氧基苄基-N-(2-氯-α,α,α-三氟-对甲苯基)-D-缬氨酸酯。

手性特征 具有两个手性碳，含有两对对映体。

理化性质 黄色油状液体。熔点 34～35℃。沸点＞450℃，蒸气压＜0.013mPa（25℃），正辛醇-水分配系数 $\lg K_{OW}$＞3.8。相对密度 1.29。在水中溶解度小于 0.005mg/kg，易溶于丙酮、醇类、二氯甲烷、三氯甲烷、乙醚及芳香烃溶剂。对光、热及酸性介质中稳定，碱性介质中分解。

毒性 急性经口 LD_{50}（mg/kg）：大鼠 260～280。急性经皮 LD_{50}（mg/kg）大鼠＞2000。急性吸入 LC_{50}（mg/L）大鼠＞5.1。对皮肤和眼睛有轻度刺激作用，亚急性经口无作用剂量为每天 3mg/kg，慢性经口无作用剂量为每天 1mg/kg。动物试验未见致癌、致畸、致突变作用，也未见对繁殖的影响。LC_{50}：鲤鱼 0.0048mg/L（96h），鳟鱼 0.0029mg/L（96h），水蚤 0.0074mg/L（48h）。野鸭＞5620mg/kg。对家蚕、天敌影响较大。

对映体性质差异 （＋）-氟胺氰菊酯对斑马鱼的毒性是 （－）-氟胺氰菊酯的 273.4 倍[9]。

用途 高效、广谱拟除虫菊酯类杀虫、杀螨剂，对作物安全、残效期较长。可用于防治棉铃虫、棉红铃虫、棉蚜、棉红蜘蛛、甜菜夜蛾等。用于防治甘蓝菜青虫、棉花红根病、棉花棉红蜘蛛、棉花棉铃虫、棉花蚜虫，每亩用药量为 10％乳油 25～50g，兑水稀释喷雾使用。

登记信息 在美国、印度、加拿大登记，中国、韩国、澳大利亚、巴西等国家未登记，欧盟未批准。

氟苄呋菊酯（fluorethrin）

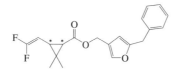

C₂₀H₂₀F₂O₃，346.34，55821-55-1

化学名称 （1*R*,3*S*）-*trans*-2,2-二甲基-3-（2,2-二氟乙烯基）环丙烷羧酸-5-苄基-3-呋喃甲酯。

其他名称 二氟苄呋菊酯；（±）-反式二氟苄呋菊酯。

手性特征 具有两个手性碳，含有两对对映体。

理化性质 淡黄色结晶固体，熔点 65℃，不溶于水，能溶于苯、乙醇、甲苯等有机溶剂，对光稳定。

毒性 LC₅₀（mg/kg）：家蝇 1.2。

对映体性质差异 未见报道。

用途 农业害虫及卫生害虫。

登记信息 在中国、美国、韩国、澳大利亚、巴西、印度、加拿大等国家未登记，欧盟未批准。

氟丙菊酯（acrinathrin）

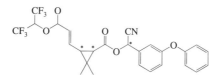

C₂₆H₂₁F₆NO₅，541.4，101007-06-1

化学名称 （*S*）-α-氰基-3-苯氧基苄基-（*Z*）-（1*R*）-*cis*-2,2-二甲基-3-[2-（2,2,2-三氟-1-三氟甲基乙氧基羰基）乙烯基]环丙烷羧酸酯。

其他名称 氟酯菊酯。

手性特征 具有三个手性碳，含有四对对映体。工业品为（*S*）-α-氰基-3-苯氧基苄基-（*Z*）-（1*R*,3*S*）-2,2-二甲基-3-[2-（2,2,2-三氟-1-三氟甲基乙氧基羰基）乙烯基]环丙烷羧酸酯。

理化性质 为白色粉末，熔点约 81.5℃，蒸气压 39×10^{-7} Pa（25℃），在水中溶解度<0.02μg/mL（25℃），易溶于乙酸乙酯、丙酮、三氯甲烷、二氯甲烷、甲苯（>50%质量浓度），正辛醇-水中分配比为 1.8×10^5（25℃），相对密度 0.5（20℃）。常温贮存稳定性大于 2 年，在酸性条件下稳定，中性或碱性中易分解，且随 pH 值和温度升高而增强。在水中半衰期小于 7d。

毒性 低毒杀螨、杀虫剂。急性经口 LD_{50}（mg/kg）：大鼠>5000。急性经皮（mg/kg）LD_{50}、大鼠>2000。吸入 LC_{50}（mg/m³）：大鼠 1600。对兔眼睛有轻微刺激，无皮肤刺激和致敏作用。亚慢性无作用剂量（mg/kg 饲料）（90d）：大鼠 30。致突变试验为阴性。对大鼠两代繁殖和兔、大鼠致畸无不良影响。对大、小鼠无致癌作用。母鸡试验无迟发性神经毒性。推荐的 ADI 为 0.02mg/(kg·d)。试验室条件下对鱼剧毒。LD_{50}（mg/kg 饲料）：鹌鹑 2250。经口 LD_{50}（μg/只）：蜜蜂 0.102~0.147。接触 LD_{50}（μg/只）：蜜蜂 1.208~1.898。

对映体性质差异 未见报道。

用途 杀螨、杀虫剂，对多种植食性害螨有良好的触杀和胃毒作用。对橘全爪螨、短须螨、二叶螨、苹果红蜘蛛的幼、若螨及成螨均有良好防效。同时对刺吸式口器的害虫及鳞翅目害虫也有杀虫活性。用于防治柑橘叶螨（用药量：20g/L 乳油稀释 800~2000 倍喷雾）、苹果叶螨（稀释 1000~2000 倍）、茶小绿叶蝉（稀释 1333~2000 倍）、茶短须螨（稀释 2000~4000 倍）。还可用于防治卫生害虫，如蝇、蚊，采用气雾剂喷雾方式使用。

农药剂型 可与胺菊酯、炔螨特制成混剂，混剂有 0.4% 杀虫气雾剂。

登记信息 在中国登记，美国、韩国、澳大利亚、巴西、印度、加拿大等国家未登记，欧盟批准。

呋虫胺（dinotefuran）

$C_7H_{14}N_4O_3$，202.2，165252-70-0

化学名称 （RS）-1-甲基-2-硝基-3-（四氢-3-呋喃甲基）胍。

手性特征 具有一个手性碳原子，含有一对对映体。

毒性 急性经口 LD_{50}（mg/kg）：雄大鼠 2450，雌大鼠 2275。急性经皮 LD_{50}（mg/kg）：雄、雌大鼠>2000。

对映体性质差异　S 体对蜜蜂的毒性是 R 体的 41.1～128.4 倍[10]。S 体对蚯蚓的毒性分别是外消旋体和 R 体的 1.49 和 2.67 倍[11]。

用途　是一种新烟碱杀虫剂，主要用于控制蚜虫、粉虱、蓟马、叶蝉、潜叶虫、叶蜂、蝼蛄、金龟子、网蝽、象鼻虫、甲虫、粉蚧等农业害虫以及住宅建筑、草坪管理中的常见害虫。用于防治白粉虱（90～150g/hm²，喷雾）、蓟马（60～120g/hm²，喷雾）。

农药剂型　0.05％、0.1％颗粒剂，20％可溶粉剂，25％可湿性粉剂，50％可溶粒剂，65％水分散粒剂，25％可分散油悬浮剂，20％悬浮剂，0.2％水剂，3％超低容量液剂，4％展膜油剂等；混剂有 20％螺虫·呋虫胺悬浮剂，0.6％呋虫胺·杀虫单颗粒剂，50％呋虫·噻虫嗪水分散粒剂，40％、70％吡蚜·呋虫胺水分散粒剂，63％噻嗪·呋虫胺水分散粒剂，15％联苯·呋虫胺可分散油悬浮剂，60％烯啶·呋虫胺可湿性粉剂，33％呋虫·毒死蜱水乳剂，15％噻呋·呋虫胺悬浮种衣剂等。

登记信息　在中国、澳大利亚、美国、加拿大登记，韩国、巴西、印度等国家未登记，欧盟未批准。

氟虫腈（fipronil）

C₁₂H₄Cl₂F₆N₄OS，437.2，120068-37-3

化学名称　（±）-5-氨基-1-（2,6-二氯-4-三氟甲基苯基）-4-三氟甲基亚磺酰基吡唑-3-腈。

其他名称　氟虫清；锐劲特；非泼罗尼。

手性特征　具有一个手性硫原子，含有一对对映体。

理化性质　白色粉末，熔点 200～201℃；蒸气压 $3.7×10^{-4}$ mPa（25℃）；相对密度 1.477～1.626；溶解度（20℃）：水中 1.9mg/L（pH5）、2.4mg/L（pH9），丙酮 545.9g/L，二氯甲烷 22.3g/L，己烷 0.028g/L，甲苯 3.0g/L。稳定性：在 pH5～7 时稳定，在 pH9 时缓慢水解（DT₅₀ 约为 28d）。对热稳定，在阳光下缓慢降解。

毒性　急性经口 LD₅₀（mg/kg）：大鼠 97，小鼠 95。急性经皮 LD₅₀（g/kg）：

大鼠＞2。急性经皮 LD_{50}（mg/kg）：兔 354。对皮肤和眼睛无刺激性。鱼毒 LC_{50}（μg/L）（96h）：蓝鳃太阳鱼 85，虹鳟 248，欧洲鲤鱼 430。蜜蜂直接接触和吸入毒性很大。对蚯蚓无毒。

对映体性质差异　S 体对人畜安全，对狗蚤防治效果好于 R 体；R 体与 S 体对家蝇，棉红蟕，谷象的毒性相差不大；S 体对克氏原螯虾毒性大于 R 体[1]。S 体对蚯蚓的 28d 亚慢性毒性大于 R 体[12]。R 体对斜生栅藻的毒性大于 S 体[13]。S 体对背角无齿蚌的 72h 急性毒性大于 R 体，而 R 体对青萍的 7d 急性毒性大于 S 体[14]。S 体对黑头呆鱼的 7d 亚慢性毒性大于 R 体[15]。S 体对斑马鱼胚胎的 12h 急性毒性比 R 体大[16]。加 R 体对斑马鱼表现出更强的神经毒性，会引起斑马鱼的焦虑行为，使得斑马鱼游泳速度加快，光周期运动失调[17]。

用途　具触杀、胃毒、内吸作用，杀虫谱广，对鳞翅目、蝇类和鞘翅目等一系列重要害虫有很高的杀虫活性。用于防治玉米蚜蟲（1～2g/kg 种子，拌种）、苍蝇、蟑螂（投饵或喷雾）、木材白蚁（5％悬浮剂 250～312mg/kg，浸泡或涂刷）、玉米灰飞虱（8％悬浮种衣剂，药种比 1∶300～1∶200，种子包衣）。

农药剂型　5％、8％悬浮种衣剂，80％水分散粒剂，20％、50g/L、200g/L 悬浮剂，4g/L 超低容量液剂，0.5％杀虫粉剂，0.05％杀蟑饵剂等；混剂有 8％ 戊唑·氟虫腈悬浮种衣剂，18％氟腈·毒死蜱悬浮种衣剂，20％吡虫·氟虫腈悬浮种衣剂，30％氟腈·噻虫嗪悬浮种衣剂，30％吡虫·氟虫腈种子处理悬浮剂，0.7％杀虫饵剂等。

登记信息　在中国、印度、美国、澳大利亚等国家登记，韩国、巴西、加拿大等国家未登记，欧盟未批准。

氟氯苯菊酯（flumethrin）

C₂₈H₂₂Cl₂FNO₃，510.45，69770-45-2

$C_{28}H_{22}Cl_2FNO_3$，510.45，69770-45-2

化学名称　（RS）-α-氰基（4-氟-3-苯氧苯基）-（1RS,3RS）-3-[2-氯-2-（4-氯苯基）乙烯基]-2,2-二甲基环丙烷羧酸酯。

其他名称　氯苯百治菊酯。

手性特征　具有三个手性碳，含有四对对映体。

理化性质 淡黄色，黏性大。20℃时蒸气压为 1.33×10^{-8}Pa，在水中溶解度为 0.0003mg/L（计算值）。沸点＞250℃。

毒性 对动物皮肤和黏膜无刺激作用。

对映体性质差异 未见报道。

用途 适用于禽畜体外寄生虫的防治，如微小牛蜱、具环方头蜱、卡延花蜱、扇头蜱属、璃眼蜱属的防治，并有抑制成虫产卵和抑制卵孵化的活性，但无击倒作用。用于防治蚂蚁、寄生蜱螨等，喷雾使用。

农药剂型 1%喷射剂。

登记信息 在中国、美国、加拿大、澳大利亚登记，韩国、巴西、印度等国家未登记，欧盟未批准。

氟氯氰菊酯（cyfluthrin）

$C_{22}H_{18}Cl_2FNO_3$，434.3，68359-37-5

化学名称 (RS)-α-氰基-4-氟-3-苯氧基苄基$(1RS,3RS)$-3-(2,2-二氯乙烯基)-2,2-二甲基环丙烷羧酸酯。

手性特征 具有三个手性碳，含有四对对映体。

理化性质 原药为棕色黏稠液体，工业品熔点约60℃，沸点＞220℃，相对密度1.27～1.28，20℃时蒸气压＞1.33×10^{-8}Pa。能溶于丙酮、醚、甲苯、二氯甲烷等有机溶剂，稍溶于醇，不溶于水。对酸、光稳定，在 pH 值大于7.5 的碱性中不稳定。

毒性 急性经口 LD_{50}（mg/kg）：大鼠 590～1270。急性经皮 LD_{50}（mg/kg）：大鼠＞5000。急性吸入 LC_{50}（mg/m^3）(1h)：大鼠 1089。对兔眼睛有轻度刺激，对皮肤无刺激。大鼠亚急性经口无作用剂量为 300mg/kg，动物试验未见致畸、致癌、致突变作用。对鱼高毒，LC_{50}（mg/L）(96h)：鲤鱼 0.01，虹鳟鱼 0.0006，金鱼 0.0032。经口 LD_{50}（mg/kg）：鸟类 250～1000，鹌鹑＞5000。对蜜蜂、家蚕高毒。

对映体性质差异 未见报道。

用途 对多种鳞目幼虫有很好的效果，亦可有效防治某些地下害虫。以触杀和胃毒作用为主，无内吸及熏蒸作用，具有一些杀卵活性，并对某些成虫有拒避作用。

用于防治甘蓝菜青虫（5.7%乳油30～40mL/亩喷雾）、花生蛴螬（100～150mL/亩喷雾于播种穴内）。还可用于防治室内蚊、蝇（50g/L水乳剂0.03mL/m³喷雾使用）、跳蚤（0.2～1.2mL/m²）、蟑螂（0.2～1.2mL/m²滞留喷洒）。

农药剂型　5.7%氟氯氰菊酯水乳剂，5.7%、50g/L氟氯氰菊酯乳油，10%氟氯氰菊酯可湿性粉剂，2.5%、5%高效氟氯氰菊酯水乳剂，5%高效氟氯氰菊酯微乳剂，6%、7.5%、12.5%高效氟氯氰菊酯悬浮剂，2.5%、10%高效氟氯氰菊酯微囊悬浮剂，0.3%杀虫粉剂；混剂有42%高氟氯·噻虫胺悬浮剂，18%吡虫·高氟氯悬浮种衣剂，9%氟氯·吡虫啉可分散油悬浮剂，2%氟氯氰·噻虫胺颗粒剂，39%氟氯·毒死蜱种子处理乳剂，5%氯氟·啶虫脒乳油，25%、30%辛硫·氟氯氰乳油，0.55%杀蚁粉剂，0.31%、1.24%杀虫气雾剂等。

登记信息　在中国、美国、加拿大、印度、澳大利亚等国家登记，韩国、巴西等国家未登记，欧盟未批准。

氟氰戊菊酯（flucythrinate）

$C_{26}H_{23}F_2NO_4$，451.5，70124-77-5

化学名称　(RS)-α-氰基-间苯氧基苄基-(S)-2-(对二氟甲氧基苯基)-3-甲基丁酸酯。

其他名称　氟氰菊酯。

手性特征　具有两个手性碳，含有两对对映体。

理化性质　纯品为琥珀色黏稠液体。沸点108℃（46.66Pa），相对密度1.189（22℃），蒸气压3.2×10⁻⁵Pa（45℃）。溶解度为：丙酮＞82%，丙醇＞78%，己烷9%，二甲苯181%，水65mg/L。在pH值3时，水解半衰期约40d；pH6时为52d；pH9时为6.3d（均27℃）。闪点45℃。

毒性　急性经口LD_{50}（mg/kg）：雄性大鼠81，雌性大鼠67。急性吸入LC_{50}（mg/L）：大鼠4.85。急性经皮LD_{50}（mg/kg）：兔子＞1000。对眼睛和皮肤有刺激性。大鼠慢性经口无作用剂量为每天60mg/kg。动物试验未见致畸、致突变、致癌作用。LC_{50}（mg/L）（96h）：鲤鱼0.01。急性经口LD_{50}：鹌鹑2708mg/kg，蜜蜂0.078μg/只。

对映体性质差异　未见报道。

用途 兼有杀螨、杀蜱活性，高效、广谱、快速、低残留，以触杀和胃毒为主，无内吸作用。可防治茶毛虫、茶尺蠖、茶细蛾，棉铃虫、红铃虫、柑橘潜叶蛾、菜青虫、小菜蛾、斜纹夜蛾、甜菜夜蛾等。用于防治棉花棉铃虫、红铃虫、蚜虫（10%乳油 300~750g/hm²）；苹果树黄蚜、食心虫（稀释 1000~2000 倍喷雾使用）。

农药剂型 10%乳油。

登记信息 在美国登记，在中国、韩国、澳大利亚、巴西、印度、加拿大等国家未登记，欧盟未批准。

果满磷（mitemate）

$C_{10}H_{15}ClNO_2PS_2$，311.8，54381-26-9

化学名称 N-乙基-O-甲基-O-（2-氯-4-甲硫基苯基）硫代磷酰胺酯。

手性特征 具有一个手性磷，含有一对对映体。

理化性质 浅黄色油状物，具有特异臭味。难溶于水，易溶于多数有机溶剂。对碱有水解，遇强碱不稳定。对酸性物质稳定。

毒性 急性口服 LD_{50}（mg/kg）：小白鼠 33。经皮 LD_{50}（mg/kg）：小白鼠 174。

对映体性质差异 未见报道。

用途 有机磷类杀螨剂，具有杀卵、杀成螨及若螨的作用，在植物上有 40d 左右的药效，可防治各种作物及果树上发生的叶螨。

登记信息 在中国、美国、韩国、澳大利亚、巴西、印度、加拿大等国家未登记，欧盟未批准。

环虫菊酯（cyclethrin）

$C_{21}H_{28}O_3$，328.45，97-11-0

化学名称 （1RS,3RS)-2-二甲基-3-(2-甲基-1-丙烯基)-环丙烷羧酸-(RS)-2-甲基-3-(环戊-2-烯-1-基)-4-氧代环戊-2-烯-1-基酯。

其他名称 环虫菊，环菊酯，环戊烯菊酯。

手性特征 具有四个手性碳，含有八对对映体。

理化性质 工业品为草黄色黏稠油状液，纯度95％。不溶于水，可溶于煤油和二氯二氟甲烷等有机溶剂，高温时能分解。

毒性 急性口服 LD_{50}（mg/kg）：雄性大鼠 1420～2800。对人口服致死最低剂量为 500mg/kg。

对映体性质差异 未见报道。

用途 触杀性杀虫剂，有较好的挥发性，熏蒸杀虫。用于防治蝇、蟑螂和米象等。

登记信息 在中国、美国、韩国、澳大利亚、巴西、印度、加拿大等国家未登记，欧盟未批准。

环戊烯丙菊酯（terallethrin）

$C_{17}H_{24}O_3$，276.36，15589-31-8

化学名称 （1RS)-3-烯丙基-2-甲基-4-氧代环戊-2-烯基-2,2,3,3-四甲基环丙烷羧酸酯。

其他名称 甲烯菊酯；多甲丙烯菊酯；次（甲）丙烯菊酯。

手性特征 具有一个手性碳，含有一对对映体。

理化性质 淡黄色油状液体，在20℃时的蒸气压为0.027Pa。不溶于水（在水中溶解度计算值为15mg/L），能溶于多种有机溶剂中。在日光照射下不稳定，在碱性中易分解。

毒性 急性经口 LD_{50}（mg/kg）：大鼠 174～224。

对映体性质差异 未见报道。

用途 卫生用杀虫剂，灭蚊效果好，常加工为蚊香使用，对蚊成虫高效。用于防治蚊、蝇和蟑螂等。

农药剂型 0.12％、0.25％蚊香。

登记信息 在中国、美国、韩国、澳大利亚、巴西、印度、加拿大等国家

未登记，欧盟未批准。

环氧七氯（heptachlor epoxide）

C$_{10}$H$_5$Cl$_7$O，389.32，1024-57-3

化学名称　1,4,5,6,7,8,8-七氯-2,3-环氧-3*a*,4,7,7*a*-四氢-4,7-亚甲基茚。

手性特征　含有一对对映体。

理化性质　为七氯在土壤内、植物体上或植物体内氧化的产物。

毒性　急性口服 LD$_{50}$（mg/kg）：雄大白鼠 61，雌大白鼠 47。

对映体性质差异　未见报道。

登记信息　已被列入 POPs 公约，全球禁限用。

甲胺磷（methamidophos）

C$_2$H$_8$NO$_2$PS，141.1，10265-92-6

化学名称　*O*,*S*-二甲基氨基硫代磷酸酯。

其他名称　多灭灵；多灭磷；克螨隆；脱麦隆。

手性特征　具有一个手性磷，含有一对对映体。

理化性质　纯品为白色针状结晶；熔点为 44.9℃；蒸气压为 0.4Pa（30℃）。相对密度为 1.27（20℃）；20℃时水中的溶解度＞200g/L；易溶于醇，较易溶于三氯甲烷、苯、醚，在甲苯、二甲苯中的溶解度不超过 10%。在弱酸、弱碱介质中水解慢，在强碱性溶液中易水解。在 100℃ 以上，随温度升高而加快分解，150℃ 以上全部分解。

毒性　急性经口 LD$_{50}$（mg/kg）：大鼠 20～29.9。急性经皮 LD$_{50}$（mg/kg）：大鼠 130。急性吸入 LC$_{50}$（mg/m^3）(1h)：大鼠 525，小鼠 19。亚急性和慢性毒性：机体内甲胺磷有一定蓄积作用，但并不严重。表现有皮毛蓬松、蜷缩、动作迟缓等慢性中毒症状。致畸：对胎鼠的生长发育有一定程度的抑制和骨化迟缓，但未见骨骼畸变。致癌和致突变性：Ames 试验为阴性。

对映体性质差异　对蝇和蟑螂代谢 R-($+$) 体大于 S-($-$) 体；杀虫活性 R-($+$) 大于 S-($-$)；对大型溞毒性 R-($+$) 大于 S-($-$)；对乙酰胆碱酯酶抑制 S-($-$) 大于 R-($+$)。S 体对酸性 α-醋酸萘酯酶的抑制作用强于 R 体[18]。

用途　为禁用农药。内吸性极强的有机磷杀虫剂，对害虫具有触杀、胃毒和一定的熏蒸作用，用于稻、柿、玉米、大豆等作物上，防治螟虫、蚜虫、飞虱、螨类及蝼蛄、蛴螬等地下害虫。用于防治水稻、小麦、棉花等作物田的螟虫、蚜虫等害虫，50%乳油稀释 1000 倍后喷雾使用。禁止在蔬菜、烟草、茶叶及中草药上使用。

农药剂型　20%、50%乳油，可溶液剂。

登记信息　在美国登记，在中国、韩国、澳大利亚、巴西、印度、加拿大等国家未登记，欧盟未批准。

甲基异柳磷（isofenphos-methyl）

$C_{14}H_{22}NO_4PS$，331.4，99675-03-3

化学名称　O-甲基-O-(2-异丙氧基羰基苯基)-N-异丙基硫代磷酰胺。

手性特征　具有一个手性磷，含有一对对映体。

理化性质　纯品为淡黄色油状液体，原油为棕色油状液体，折射率 1.5221。易溶于苯、甲苯、二甲苯、乙醚等有机溶剂，难溶于水，常温下贮存较稳定。遇强酸和碱易分解，光和热也能加速其分解。

毒性　急性经口 LD_{50}（mg/kg）：雄大鼠 28.40，雌大鼠 29.69；雄小鼠急 30.70，雌小鼠 28.08。急性经皮 LD_{50}（mg/kg）：雄大鼠 60.08，雌大鼠 49.20。

对映体性质差异　杀虫活性＋体＞－体。

用途　为禁用农药。是土壤杀虫剂，高毒，具有较强触杀和胃毒作用。杀虫谱广、残效期长，主要防治蛴螬、蝼蛄、金针虫等地下害虫，也可用于防治黏虫、蚜虫、烟青虫、桃小食心虫、红蜘蛛等。主要作为种子和土壤处理剂使用，用于防治棉铃虫（喷雾，480～600g/hm²）、稻纵卷叶螟（喷雾，150～225g/hm²）、二化螟（喷雾，450～562.5g/hm²）、甘薯茎线虫（沟施、穴施，3000～4500g/hm²）、小麦吸浆虫（2.5％颗粒剂，1500～2000g/亩）。禁止在甘蔗、蔬菜、瓜果、茶叶、菌类、中草药材上使用；禁止用于防治卫生害虫；禁止用于水生植物的病虫害防治。

农药剂型 35％、40％乳油；2.5％颗粒剂；混剂有10％、20.8％、50％甲柳·三唑酮乳油，10％甲柳·三唑酮粉剂，3.5％、7.5％甲柳·三唑酮种衣剂，15％、20％甲柳·福美双悬浮种衣剂，14％甲·戊·福美双悬浮种衣剂，6.9％柳·戊·三唑酮悬浮种衣剂。

登记信息 在中国登记，美国、韩国、澳大利亚、巴西、印度、加拿大等国家未登记，欧盟未批准。

甲醚菊酯（methothrin）

$C_{19}H_{26}O_3$，302.4，34388-29-9

化学名称 （1RS,3RS）-菊酸-4-甲氧甲基苄基酯。

手性特征 具有两个手性碳，含有两对对映体。

理化性质 淡黄色透明液体，微弱气味，挥发性较大。沸点130℃（400～500Pa），相对密度0.98，蒸气压34mPa（30℃）。易溶于醇、丙酮、苯、甲苯等有机溶剂，不溶于水。在碱性介质中易分解，紫外光有促进分解的作用。

毒性 急性经口 LD_{50}（mg/kg）：大鼠4040，小鼠1747。对豚鼠皮肤无刺激和致敏作用。大鼠经口最大无作用剂量为8.08mg/kg，吸入安全浓度为9mg/m³。动物体内无明显蓄积毒性，未见致突变作用。对鱼类高毒。

对映体性质差异 未见报道。

用途 主要用于防治蚊蝇等害虫，常用来制作蚊香及电热驱蚊片，具有击倒速度快、驱避性能好、杀伤力强等特点。用于防治蚊蝇等害虫。

农药剂型 单剂有0.02％、0.03％蚊香，0.31％、0.62％、0.93％、1.24％电热蚊香液；混剂有8～10mg/片电热蚊香片等。

登记信息 在中国登记，美国、韩国、澳大利亚、巴西、印度、加拿大等国家未登记，欧盟未批准。

甲氰菊酯（fenpropathrin）

C₂₂H₂₃NO₃，349.4，64257-84-7

化学名称　(RS)-α-氰基-3-苯氧苄基-(1RS,3RS)-2,2,3,3-四甲基环丙烷酸酯。

手性特征　具有三个手性碳，含有四对对映体。

理化性质　纯品为白色结晶固体，原药为棕黄色液体。熔点45~50℃。蒸气压0.730mPa（20℃），正辛醇-水分配系数lgK_{OW}=6（20℃）。相对密度1.15（25℃）。难溶于水14.1μg/L（25℃），溶于丙酮、环己烷、甲基异丁酮、乙腈、甲醇、二甲苯、环己酮、三氯甲烷等有机溶剂。暴露在空气和光照中易氧化失活，碱性介质中分解。

毒性　急性经口 LD_{50}（mg/kg）：大鼠107~160，急性经皮 LD_{50}（mg/kg）：大鼠600~870。经口 LD_{50}（mg/kg）：小鼠58~67，经皮 LD_{50}（mg/kg）：小鼠900~1350。

对映体性质差异　未见报道。

用途　主要用于棉花、蔬菜、果树、茶树、花卉等作物，防治各种蚜虫、棉铃虫、棉红铃虫、菜青虫等。可兼治多种害螨。用于防治茶尺蠖（20%乳油7.5~9.5g/亩，喷雾）、甘蓝菜青虫、小菜蛾（25~30g/亩，喷雾）、棉花红铃虫、红蜘蛛、棉铃虫（30~40g/亩，喷雾）；还可以用于防治苹果和山楂红蜘蛛（20%乳油稀释2000倍液，喷雾）、苹果和桃小食心虫、柑橘红蜘蛛（稀释2000~3000倍液，喷雾）、柑橘潜叶蛾（稀释8000~10000倍液，喷雾）。

农药剂型　10%、20%乳油，10%、20%水乳剂，10%微乳剂；混剂有1.8%、18%、25%阿维·甲氰乳油，10%甲氰·哒螨灵乳油，7.5%、12.5%甲氰·噻螨酮乳油，20%、30%甲氰·氧乐果乳油，5%阿维·甲氰微乳剂，20%甲氰·乙螨唑悬浮剂，60%甲氰·单甲脒水分散粒剂，5.1%阿维·甲氰可湿性粉剂等。

登记信息　在中国、美国、印度、加拿大等国家登记，韩国、澳大利亚、巴西等国家未登记，欧盟未批准。

甲体-六六六（α-HCH）

$C_6H_6Cl_6$，290.8，319-84-6

化学名称 1,2,3,4,5,6-六氯环己烷。

手性特征 含有一对对映体。

理化性质 单斜棱晶。不溶于水，易溶于三氯甲烷、苯等。随水蒸气挥发，具有持久的辛辣气味。熔点156~161℃，沸点288℃。

毒性 急性毒性较小。六六六进入机体后主要蓄积于中枢神经和脂肪组织中，刺激大脑及小脑，还能通过皮层影响自主神经系统及周围神经，在脏器中影响细胞氧化磷酸化作用，使脏器营养失调，发生变性坏死。能诱导肝细胞微粒体氧化酶，影响内分泌活动，抑制ATP酶。

对映体性质差异 对原代大鼠肝细胞的毒性（＋）-α-HCH高于其对映体（－）-α-HCH。（＋）-α-HCH对细胞有丝分裂的刺激作用均显著高于（－）-α-HCH。

用途 具有胃毒触杀及微弱的熏蒸活性，是胆碱酯酶抑制剂，作用于神经膜上，使昆虫动作失调、痉挛、麻痹至死亡，对昆虫呼吸酶亦有一定作用。

登记信息 已被列入POPs公约，全球禁限用。

甲氧苄氟菊酯（metofluthrin）

$C_{18}H_{20}F_4O_3$，360.35，240494-70-6

化学名称 2,3,5,6-四氟-4-甲氧基甲基苄基-(1RS,3RS)-3-(1-丙烯基)-2,2-二甲基环丙烷羧酸酯。

手性特征 具有两个手性碳，含有两对对映体。

理化性质 微黄色透明油状液体，几乎可溶于所有有机溶剂，易与甲醇、乙醇和丙醇发生酯交换反应，水中溶解度0.73mg/L（20℃）。相对密度为1.21。

蒸气压 25℃下 1.96mPa。

毒性 急性口服 LD_{50}（mg/kg）：雄性大鼠＞2000，雌性大鼠 2000。急性经皮 LD_{50}（mg/kg）：大鼠和小鼠＞2000。急性吸入毒性 LC_{50}（mg/m³）：雄性大鼠 1936，雌性大鼠 1080。

对映体性质差异 未见报道。

用途 作用于昆虫神经系统，通过与钠通道相互作用，扰乱神经元的功能。对家庭卫生害虫，特别是蚊子，具有很高的杀灭效果。用于防治蚊、蝇、蟑螂。

农药剂型 60mg/片的驱蚊片，10％防蚊网。

登记信息 在中国、美国、加拿大、印度、澳大利亚等国家登记，韩国、巴西等国家未登记，欧盟未批准。

甲乙基乐果（bopardil RM60）

$C_6H_{14}NO_3PS_2$，234.0，3547-35-1

化学名称 O-甲基-O-乙基-S-（N-甲基氨基甲酰甲基）二硫代磷酸酯。

手性特征 具有一个手性磷，含有一对对映体。

理化性质 可溶于大多数有机溶剂，在水中的溶解度为 8.4g/L，熔点 61～62℃。

毒性 对温血动物的接触毒性和吸入毒性低。

对映体性质差异 未见报道。

用途 用于防治蚜螨。0.1％～0.15％防治苹果蚜虫和菜赤螨；0.2％防治梨小食心虫，还能防治橄榄实蝇和樱桃实蝇的幼虫。

登记信息 在中国、美国、韩国、澳大利亚、巴西、印度、加拿大等国家未登记，欧盟未批准。

抗虫菊（furethrin）

$C_{21}H_{26}O_4$，342.42，17080-02-3

化学名称 (1RS,3RS)-2,2-二甲基-3-(2-甲基-1-丙烯基)-环丙烷羧酸-(RS)-2-甲基-3-(2-糠基)4-氧代-环戊-2-烯-1-基酯。

其他名称 抗虫菊酯。

手性特征 具有三个手性碳,含有四对对映体。

理化性质 工业品为浅黄色油状液体,沸点187～188℃(5.333Pa),不溶于水,可溶于精制煤油中。

毒性 急性口服LD_{50}(mg/kg):大鼠700。

对映体性质差异 未见报道。

用途 卫生杀虫剂。

登记信息 在中国、美国、韩国、澳大利亚、巴西、印度、加拿大等国家未登记,欧盟未批准。

乐杀螨(binapacryl)

$C_{15}H_{18}N_2O_6$,322.3,485-31-4

化学名称 2-仲丁基-4,6-二硝基苯基-3,3-二甲基丙烯酸酯。

手性特征 具有一个手性碳,含有一对对映体。

理化性质 白色结晶粉末,熔点68～69℃;相对密度1.2307(20℃);60℃时蒸气压为0.0133Pa;几乎不溶于水,溶于多数有机溶剂,其溶解度为:丙酮780g/kg,煤油107g/kg,二甲苯700g/kg;在浓酸和稀碱中不稳定,带有轻微的芳香气味。

毒性 急性口服LD_{50}(mg/kg):雄大鼠150～225,雌小鼠1600～3200,雄豚鼠300,狗450～640。急性经皮LD_{50}(mg/kg):兔750,大鼠720。对眼睛有轻微刺激性。鲤鱼TLm(48h)为0.1mg/L。

对映体性质差异 未见报道。

用途 内吸性杀螨剂,对螨类有速效作用,对卵、幼虫和成虫的各个阶段均有效,对蜜蜂等采花昆虫和天敌无害,有特效性。作为杀菌剂,对白粉病有效。

登记信息 在美国登记,在中国、韩国、澳大利亚、巴西、印度、加拿大等国家未登记,欧盟未批准。

联苯菊酯（bifenthrin）

$C_{23}H_{22}ClF_3O_2$, 422.9, 82657-04-3

化学名称 (Z)-$(1RS,3RS)$-2,2-二甲基-3-(2-氯-3,3,3-三氟-1-丙烯基)环丙烷羧酸-2-甲基-3-苯基苄酯。

其他名称 氟氯菊酯。

手性特征 具有两个手性碳，含有两对对映体。

理化性质 纯品为白色固体，熔点 68～70.6℃。沸点 320～350℃。蒸气压 $1.78×10^{-3}$ mPa（20℃），正辛醇-水分配系数 lgK_{OW}＞6。相对密度 1.210（25℃）。在水中溶解度为 0.1mg/L，溶于丙酮、三氯甲烷、二氯甲烷、乙醚、甲苯、庚烷，微溶于戊烷、甲醇，原药在 25℃稳定 1 年以上，在 pH5～9（21℃）稳定 21d，在土壤中 DT_{50} 为 65～125d。

毒性 联苯菊酯对人畜毒性中等，对鱼毒性很高。急性经口毒性 LD_{50}（mg/kg）：大鼠 54.5。急性经皮毒性 LD_{50}（mg/kg）：兔＞2000。对皮肤和眼睛无刺激作用，无致畸、致癌、致突变作用。对鸟类低毒，急性经口毒性 LD_{50}（mg/kg）：鹌鹑 1800，野鸭＞4450。

对映体性质差异 R-联苯菊酯的驱虫活性强于 S-联苯菊酯，并且其对于非靶标生物的毒性也低于 S-联苯菊酯。S-联苯菊酯的内分泌干扰作用强于 R-联苯菊酯。1S-顺式-联苯菊酯对斑马鱼胚胎的毒性大于 1R-顺式-联苯菊酯[19]。1S-顺式-联苯菊酯对大鼠肾上腺嗜铬细胞瘤（PC12）细胞的细胞毒性大于 1R-顺式-联苯菊酯[20]。1S-顺式-联苯菊酯对小鼠的毒性大于 1R-顺式-联苯菊酯[21～23]。1R-顺式-联苯菊酯对蝌蚪的行为和发育毒性大于 1S-顺式-联苯菊酯[24]。

用途 防治棉铃虫、棉红蜘蛛、桃小食心虫、梨小食心虫、山楂叶螨、柑橘红蜘蛛、黄斑蜻、茶翅蜻、菜蚜、菜青虫、小菜蛾、茄子红蜘蛛、茶细蛾等害虫，主要为触杀和胃毒作用，无内吸和熏蒸活性。其作用迅速，持效期长，杀虫谱广。用于防治茶尺蠖、茶毛虫、番茄白粉虱（25g/L 乳油 20～40mL/亩，喷雾）；茶小绿叶蝉、茶粉虱、茶黑刺粉虱（80～100mL/亩，喷雾）；棉铃虫、棉红铃虫（80～140mL/亩，喷雾）；茶象甲（120～140mL/亩，喷雾）、棉红蜘蛛（120～160mL/亩，喷雾）；防治柑橘潜叶蛾（25g/L 乳油稀释 2500～3500 倍液，喷雾）、柑橘红蜘蛛、苹果和桃小食心虫、苹果叶螨（稀释800~1250倍液，喷雾）；还可以防治木材白蚁（5%微囊悬浮剂稀释80~160倍液，浸泡木材）、土壤白蚁（30~50mL/m² 土壤喷洒）。

农药剂型 0.5%颗粒剂，5%、15%悬浮剂，5%、10%微囊悬浮剂，2.5%、4%、25g/L 微乳剂，2.5%、4.5%、10%、20%水乳剂，25g/L、100g/L乳油；混剂有1%联苯·噻虫胺颗粒剂，10%联苯·噻虫胺悬浮剂，32%联苯·噻虫嗪悬浮剂，20%联苯·虫螨腈悬浮剂，15%联苯·呋虫胺可分散油悬浮剂，12%阿维·联苯菊乳油，10%联苯·虱螨脲乳油，25%烯啶·联苯可溶液剂，25%联苯·虫螨腈微乳剂，5%联菊·啶虫脒微乳剂，30%联苯·噻虫嗪水分散粒剂，55%联苯·三唑锡可湿性粉剂等。

登记信息 在中国、美国、加拿大、印度、澳大利亚等国家登记，韩国、巴西等国家未登记，欧盟未批准。

硫丙磷（sulprofos）

$C_{12}H_{19}O_2PS_3$，322.45，35400-43-2

化学名称 *O*-乙基-*O*-(4-甲硫基)苯基-*S*-丙基二硫代磷酸酯。

手性特征 具有一个手性磷，含有一对对映体。

理化性质 无色油状液体。沸点125℃（0.01Pa），相对密度1.20（20℃），蒸气压$1×10^{-4}$Pa，折射率1.5859。20℃时溶解度：甲苯1200g/kg，异丙醇>400g/kg，环己酮120g/kg，水5mg/kg。一般条件下稳定。

毒性 急性经口LD_{50}（mg/kg）：雄大鼠140，雌大鼠120，雄小鼠580，雌小鼠490。急性经皮LD_{50}（mg/kg）：雄大鼠>2000，雌小鼠2000。对皮肤无刺激作用。LC_{50}（mg/L）：鲤鱼5.2。LD_{50}（mg/kg）：鹌鹑25。

对映体性质差异 未见报道。

用途 广谱性有机磷酸酯类杀虫剂，具有触杀和胃毒作用。对缨翅目、鞘翅目、双翅目等多种害虫有效。除棉田外，还可用于番茄、玉米、烟草等多种作物。主要用于防治棉田鳞翅目害虫，推荐用药量7.5~10.5g有效成分/100m²。

登记信息 WHO规定停用农药之一，全球禁限用。

硫醚磷（diphenprophos）

$C_{17}H_{20}O_3PS_2$，367.3，59010-86-5

化学名称　O-{4-[(4-氯苯基)硫基]苯基}-O-乙基-S-丙基硫代磷酸酯。

手性特征　具有一个手性碳，含有一对对映体。

理化性质　在碱性、中性条件下迅速分解，酸性条件下则很缓慢。在pH10.0、7.0、4.0下的半衰期分别为1d（以内）、约14d和28d以上。

毒性　低毒。

对映体性质差异　未见报道。

用途　为杀虫剂和杀螨剂，对棉铃虫、烟蚜夜蛾有较好的防效，对普通红叶螨有优异的杀螨活性。

登记信息　在中国、美国、韩国、澳大利亚、巴西、印度、加拿大等国家未登记，欧盟未批准。

硫线磷（cadusafos）

$C_{10}H_{23}O_2S_2P$，270.4，95465-99-9

化学名称　S,S-二仲丁基-O-乙基二硫代磷酸酯。

其他名称　克线丹。

手性特征　具有两个手性碳，含有两对对映体。

理化性质　淡黄色液体，沸点112～114℃（0.8mm Hg），相对密度1.054，蒸气压0.12Pa（25℃）。溶解性：水248mg/L，能与丙酮、乙腈、二氯甲烷、乙酸乙酯、庚烷、甲醇、异丙醇、甲苯完全混溶。闪点129.4℃（闭杯）。稳定性：50℃下稳定，在日光下DT_{50}<115d。

毒性　属高毒杀线虫、杀虫剂。急性经口LD_{50}（mg/kg）：大鼠37.1，小鼠71.4；急性经皮LC_{50}（mg/kg）：雄兔24.4，雌兔41.8；急性吸入LC_{50}

（mg/L 空气）(4h)：大鼠 0.026。急性经口 LC_{50}（mg/kg）：鹌鹑 16，急性经口 LC_{50}（mg/kg）：野鸭 230。

对映体性质差异　未见报道。

用途　触杀性杀线虫剂和杀虫剂，无熏蒸作用。防治香蕉、花生、甘蔗、柑橘、烟草、蔬菜、马铃薯、菠萝、咖啡、葫芦科植物和麻类作物的根线虫，对金针虫、马铃薯麦蛾等各种昆虫都有防治效果。主要用于防治甘蔗二点褐金龟（沟施，$2000\sim3000g/hm^2$）、甘蔗线虫（沟施，$3000\sim6000g/hm^2$）。

农药剂型　5%、10%颗粒剂；3%微囊粒剂。

登记信息　在美国、澳大利亚登记，中国、韩国、巴西、印度、加拿大等国家未登记，欧盟未批准。

氯胺磷（chloramine phosphorus）

$C_4H_9Cl_3NO_3PS$, 288.52, 73447-20-8

化学名称　O,S-二甲基-N-(2,2,2-三氯-1-羟基-乙基)硫代磷酰胺。

其他名称　乐斯灵。

手性特征　具有一个手性磷，一个手性碳，含有两对对映体。

理化性质　白色针状结晶，熔点 99.2～101℃，溶解度（20℃，g/L）：苯、甲苯、二甲苯<300，氯化烃、甲醇、二甲基亚砜等极性溶剂中 40～50，煤油 15。常温下稳定，pH=2 时，40℃时半衰期为 145h，pH=9 时，37℃时半衰期为 115h。

毒性　90%氯胺磷原药，急性经口 LD_{50}（mg/kg）：大鼠 316。经皮 LD_{50}（mg/kg）：雌雄性大鼠>2000，对皮肤无刺激性，对眼的刺激强度属轻度刺激性。

对映体性质差异　未见报道。

用途　毒性较低的、高效、安全的有机磷杀虫剂，具有触杀、胃毒、熏蒸作用活性，它对稻纵卷叶螟、螟虫、稻飞虱、叶蝉、蓟马、棉铃虫等害虫的防治效果优于乙酰甲胺磷，与甲胺磷相当。主要用于防治稻纵卷叶螟（喷雾，720～900g/hm²）。

农药剂型　30%乳油。

登记信息　在中国、美国、韩国、澳大利亚、巴西、印度、加拿大等国家

未登记，欧盟未批准。

氯氟醚菊酯（meperfluthrin）

$C_{17}H_{16}Cl_2F_4O_3$, 415.22, 915288-13-0

化学名称 2,3,5,6-四氟-4-甲氧基甲基苄基-3-(2,2-二氯乙烯基)-2,2-二甲基环丙基羧酸酯。

手性特征 具有两个手性碳，含有两对对映体。

理化性质 淡灰色至淡棕色固体，熔点72～75℃，蒸气压686.2Pa（200℃），相对密度1.2329，难溶于水，易溶于甲苯、三氯甲烷、丙酮、二氯甲烷、二甲基甲酰胺等有机溶剂中。在酸性和中性条件下稳定，但在碱性条件下水解较快。在常温下可稳定贮存两年。

毒性 急性经口 LD_{50}（mg/kg）：大鼠＞500，属低毒。

对映体性质差异 未见报道。

用途 吸入和触杀型杀虫剂，对蚊、蝇等卫生害虫具有卓越的击倒和杀灭活性。用于防治蚊、蝇等卫生害虫。

农药剂型 0.04％、0.05％、0.08％蚊香，0.4％、0.6％、0.8％、1％、1.2％电热蚊香液；混剂有10％氯氟醚·顺氯悬乳剂，10％氯氟醚菊酯·氯菊酯水乳剂，15％氯氟醚·顺氯可湿性粉剂，12％氯氰·氯氟醚可湿性粉剂，8％、10％炔丙·氯氟醚滴加液，10～15mg/片电热蚊香片等。

登记信息 在中国登记，美国、韩国、澳大利亚、巴西、印度、加拿大等国家未登记，欧盟未批准。

氯氟氰菊酯（cyhalothrin）

$C_{23}H_{19}ClF_3NO_3$, 449.9, 68085-85-8

化学名称 （1RS,3RS）-3-(2-氯-3,3,3-三氟丙烯基)-2,2-二甲基环丙烷羧酸-(RS)-α-氰基-3-苯氧苄基酯。

其他名称 功夫菊酯；三氟氯氰菊酯。

手性特征 具有三个手性碳，含有四对对映体。

理化性质 纯品为白色固体，熔点 49.2℃。沸点 187～190℃ （2.67Pa）。蒸气压 0.0012mPa （20℃），正辛醇-水分配系数 $lgK_{OW}=6.9$ （20℃）。相对密度 1.25 （25℃）。在水中溶解度为 0.0042mg/L （pH 5.0，20℃），溶于丙酮、二氯甲烷、甲苯等 （>500g/L，20℃）。在酸性溶液中稳定，在碱性溶液中易分解，在水中的水解半衰期约为 7d。

毒性 急性经口毒性 LD_{50} （mg/kg）：雄性大鼠 79，雌性大鼠 56，雄性小鼠 19，雌性小鼠 31。急性经皮毒性 LD_{50} （mg/kg）：大鼠 1293～1507。

对映体性质差异 未见报道。

用途 可有效地防治鳞翅目、鞘翅目、半翅目和螨类害虫。其性质稳定，耐雨水冲刷。用于防治棉花棉铃虫 （50g/L 乳油 50～70mL/亩，喷雾）、烟草烟青虫 （25g/L 乳油稀释 3300～4000 倍液，喷雾）。

农药剂型 25g/L、50g/L 乳油，2.5%、10% 高效氯氟氰菊酯水乳剂，10%、23% 高效氯氟氰菊酯微囊悬浮剂，15% 高效氯氟氰菊酯微乳剂，2.5% 高效氯氟氰菊酯乳油；混剂有 22% 噻虫·高氯氟微囊悬浮剂，22.5% 噻虫·高氯氟悬浮剂，10% 氯氟·噻虫胺悬浮剂，22% 噻虫·高氯氟可湿性粉剂，33% 吡蚜·高氯氟可湿性粉剂，22% 氯氟·毒死蜱乳油，30% 氯氟·毒死蜱微乳剂，8.5% 杀虫泡腾片剂等。

登记信息 在中国、美国、澳大利亚、加拿大登记，韩国、巴西、印度等国家未登记，欧盟批准。

氯菊酯（permethrin）

C₂₁H₂₀Cl₂O₃，391.29，52645-53-1

化学名称 3-苯氧基苄基-(1RS,3RS)-2,2-二甲基-3-(2,2-二氯乙烯基)-1-环丙烷羧酸酯。

其他名称 二氯苯醚酯；除虫精；苄氯菊酯。

手性特征 具有两个手性碳，含有两对对映体。

理化性质 纯品为固体，原药为棕黄色黏稠液体或半固体。相对密度1.21（20℃）、1.202（32℃），熔点为34～35℃，沸点为200℃（1.33Pa）、220℃（39.99Pa），蒸气压$4.53×10^{-5}$Pa（25℃），闪点＞200℃。30℃时，在丙酮、甲醇、乙醚、二甲苯中溶解度＞50%，在乙二醇中＜3%，在水中＜0.03mg/L。氯菊酯在酸性和中性条件下稳定，在碱性介质中分解；在可见光和紫外线照射下，半衰期约4d，弱光处半衰期可达3周。

毒性 急性经口LD_{50}（mg/kg）：大鼠1200～2000，鹌鹑13500。急性吸入LC_{50}（g/m^3）(4h)：大鼠＞23.5。急性经皮LD_{50}（mg/kg）：大鼠和兔＞2000。对兔皮肤无刺激作用，对眼睛有轻微刺激作用。以1500mg/kg剂量喂养大鼠6个月无影响。大鼠体内蓄积性小，动物试验未发现致畸、致癌、致突变作用。LC_{50}（mg/L）(96h)：虹鳟鱼、蓝鳃太阳鱼0.0032。接触LD_{50}（μg/只）：蜜蜂0.1。经口LD_{50}（μg/只）：蜜蜂0.2。

对映体性质差异 1R-cis和1R-trans有活性。

用途 为高效、低毒杀虫剂，用于防治棉花、水稻、蔬菜、果树、茶树等多种作物害虫，也能防治卫生及牲畜害虫。用于防治茶毛虫、茶尺蠖、茶蚜虫（10%乳油稀释2000～5000倍液）、果树潜叶蛾、食心虫、蚜虫（稀释1660～3350倍液）、棉红铃虫、棉铃虫、棉蚜（稀释1000～4000倍液）、蔬菜菜青虫、小菜蛾、菜蚜、烟青虫（稀释4000～10000倍液）、小麦黏虫（稀释5000倍液，喷雾）；还可防治白蚁（稀释800倍液，滞留喷射）、蚊、蝇（10%乳油0.01～0.03mL/m^3，喷雾）。

农药剂型 25%可湿性粉剂，10%、38%、50%乳油，0.25%喷射剂，10%水乳剂，10%微乳剂，1%超低容量液剂，2%气雾剂，5%烟雾剂等；混剂有10%氯菊酯·右旋烯丙菊酯乳油，12%氯菊酯·四氟苯菊酯乳油，3.5%氯菊·四氟醚乳油，15%胺·氯菊乳油，1.2%氯菊酯·四氟苯菊酯微乳剂，10%氯氟醚菊酯·氯菊酯水乳剂，0.38%、0.65%、0.85%、1.08%、4%杀虫气雾剂等。

登记信息 在中国、美国、加拿大、印度、韩国、澳大利亚等国家登记，巴西等国家未登记，欧盟未批准。

氯氰菊酯（cypermethrin）

$C_{22}H_{19}Cl_2NO_3$，416.3，52315-07-8

化学名称　(RS)-α-氰基-(3-苯氧基苄基)-(1RS,3RS)-3-(2,2-二氯乙烯基)-2,2-二甲基环丙烷羧酸酯。

手性特征　具有三个手性碳，含有四对对映体：分别是 (R)-(1S,3S) 和 (S)-(1R,3R)；(R)-(1S,3R) 和 (S)-(1R,3S)；(R)-(1R,3R) 和 (S)-(1S,3S)；(R)-(1R,3S) 和 (S)-(1S,3R)。在工业产品中，含有全部 8 个异构体的产品称为氯氰菊酯，如果只含有 (R)-(1S,3S) 和 (S)-(1R,3R)，则称为顺式氯氰菊酯，若只含有 (R)-(1S,3R) 和 (S)-(1R,3S) 则称为反式氯氰菊酯，顺式氯氰菊酯和反式氯氰菊酯以 2：3 构成的产品称为高效氯氰菊酯。

理化性质　白色固体，熔点 61～83℃。沸点 170～195℃。蒸气压 $2.0×10^{-4}$ mPa (20℃)，正辛醇-水分配系数 $\lg K_{OW} = 6.6$。相对密度 1.24 (20℃)。在水中溶解度为 0.004mg/L (pH7)，溶于丙酮、三氯甲烷、二甲苯等（均＞450g/L），乙醇 337、己烷 103 (g/L，20℃)。在自然和弱酸条件下中稳定，在碱性条件下易水解。

毒性　急性经口 LD_{50} (mg/kg)：大鼠 250～4150，小鼠 138。急性经皮 LD_{50} (mg/kg)：大鼠 4920，兔大于 2460。急性吸入 LC_{50} (mg/L)：大鼠＞0.048。对皮肤有轻微刺激作用，对眼睛有中度刺激作用。原药大鼠亚急性经口无作用剂量为每天 7.5mg/kg，慢性经口无作用剂量为每天 5mg/kg。动物试验未发现致畸、致癌、致突变作用。

对映体性质差异　(R)-(1S,3S)，(S)-(1R,3R) 顺式体生物活性高。(S)-(1R,3R)-氯氰菊酯对黑斑蛙蝌蚪的毒性是 (R)-(1S,3S)-氯氰菊酯的 29 倍[25]。

用途　具有广谱、高效、快速的作用特点，对害虫以触杀和胃毒为主，适用于鳞翅目、鞘翅目等害虫，对螨类效果不好。对棉花、大豆、玉米、果树、葡萄、蔬菜、烟草、花卉等作物上的蚜虫、棉铃虫、斜纹夜蛾、尺蠖、卷叶虫、跳甲、象鼻虫等多种害虫有良好防治效果。用于防治甘蓝菜青虫、蚜虫（100g/L 乳油 10～20mL/亩，喷雾）；棉铃虫、蚜虫（50～80mL/亩，喷雾）；苹果和桃小食心虫（100g/L 乳油稀释 1650～3300 倍液，喷雾）；茶尺蠖、茶毛虫、小绿叶蝉（稀释 2000～3700 倍液，喷雾）。还可防治蚊、蝇、蟑螂（10%可湿性粉剂，滞留喷洒）。

农药剂型　5%、10%、25%、50g/L、100g/L、250g/L 乳油，5%、10%、微乳剂，10%、25%水乳剂，8%微囊悬浮剂，10%可湿性粉剂，4.5%高效氯氰菊酯乳油，30g/L、50g/L、100g/L 顺式氯氰菊酯乳油，5%高效氯氰菊酯可湿性粉剂，5%高效氯氰菊酯悬浮剂，0.12%高效氯氰菊酯水乳剂等；混剂有 8%高效氯氰菊酯·虱螨脲乳油，44%氯氰·丙溴磷乳油，22%、55%、522.5g/L 氯氰·毒死蜱乳油，10%氯氰·敌敌畏乳油，5%氯氰·吡虫啉乳油，3.2%甲维·氯氰微乳剂，3.5%、4%、5%高氯·甲维盐微乳剂，5%高氯·吡虫啉乳油，3％阿维·高氯乳油等。

登记信息　在中国、美国、加拿大、印度、韩国、澳大利亚等国家登记，巴西等国家未登记，欧盟批准。

氯烯炔菊酯（chlorempenthrin）

C$_{16}$H$_{20}$Cl$_2$O$_2$，315.25，54407-47-5

化学名称　(1*RS*,3*RS*)-2,2-二甲基-3-(2,2-二氯乙烯基)环丙烷羧酸-1-乙炔基-2-甲基-戊-2-烯基酯。

其他名称　炔戊氯菊酯；二氯炔戊菊酯。

手性特征　具有三个手性碳，含有四对对映体。

理化性质　淡黄色油状液体，有清淡香味。熔点128～130℃（40Pa），蒸气压4.13×10^{-2}Pa（20℃）。可溶于苯、醇、醚等多种有机溶剂，不溶于水，性质稳定。

毒性　急性经口 LD$_{50}$（mg/kg）：小鼠790。常用剂量条件下对人畜眼、鼻、皮肤及呼吸道均无刺激。微核及 Ames 试验均为阴性。

对映体性质差异　未见报道。

用途　对家蝇、蚊及囊虫有较好的防治效果，亦可用于防治仓贮害虫，具胃毒和触杀活性，并有一定的熏蒸作用。稳定性好，无残留。用于防治蚊、蝇等，喷射使用。

农药剂型　0.4％杀虫喷射剂等。

登记信息　在中国登记，美国、韩国、澳大利亚、巴西、印度、加拿大等国家未登记，欧盟未批准。

氯亚胺硫磷（dialifos）

C$_{14}$H$_{17}$ClNO$_4$PS$_2$，393.8，10311-84-9

化学名称　S-(2-氯-1-酰酰亚胺基乙基)-O,O-二乙基二硫代磷酸酯。

其他名称　氯亚磷。

手性特征　具有一个手性碳，含一对对映体。

理化性质　无色结晶固体，熔点 67～69℃，几乎不溶于水，微溶于脂肪族烃和醇类，易溶于丙酮（760g/kg，20℃）、环己酮、二甲苯（570g/kg，20℃）、乙醚（500g/kg，20℃）和三氯甲烷（620g/kg，20℃）。蒸气压 133mPa（35℃）。工业品及其制剂在一般贮藏条件下，能稳定两年以上，但遇强碱迅速水解。

毒性　急性口服 LD_{50}（mg/kg）：5～97。急性经皮 LD_{50}（mg/kg）：兔 145。

对映体性质差异　未见报道。

用途　非内吸性杀虫剂和杀螨剂。防治苹果、柑橘、葡萄、坚果树、马铃薯和蔬菜上的许多害虫和螨类。对家畜扁虱也有效。

登记信息　在中国、美国、韩国、澳大利亚、巴西、印度、加拿大等国家未登记，欧盟未批准。

氯氧磷（chlorethoxyfos）

$C_6H_{11}Cl_4O_3PS$，336.0，54593-83-8

化学名称　O,O-二乙基 O-1,2,2,2-四氯乙基硫代磷酸酯。

手性特征　具有一个手性磷，含有一对对映体。

理化性质　白色结晶粉末，蒸气压约 0.107Pa（20℃）。沸点 105～115℃（107Pa）。水中溶解度＜1mg/L，可溶于己烷、乙醇、二甲苯、乙腈、三氯甲烷。原药和制剂在常温下稳定。闪点 105℃。

毒性　急性口服 LD_{50}（mg/kg）：大鼠 1.8～4.8；小鼠 20～50。急性吸入 LC_{50}（mg/kg）：大鼠 0.4～0.7。急性经皮 LD_{50}（mg/kg）：兔 12.5～18.5。对皮肤刺激很小，对眼睛有中等程度的刺激作用。对鱼、鸟类高毒。

对映体性质差异　杀虫活性（＋）体＞（－）体[5]。

用途　广谱土壤杀虫剂，可防治玉米上的所有害虫，对叶甲、夜蛾、叩甲特别有效。

登记信息　在美国登记，中国、韩国、澳大利亚、巴西、印度、加拿大等国家未登记，欧盟未批准。1995 年最先在美国登记。

马拉硫磷（malathion）

$$C_{10}H_{19}O_6PS_2,\ 330.4,\ 121-75-5$$

化学名称 O,O-二甲基-S-[1,2-双(乙氧基羰基)乙基]二硫代磷酸酯。

其他名称 马拉松。

手性特征 具有一个手性碳，含有一对对映体。

理化性质 纯品为浅黄色油状液体，略带有酯类气味；蒸气压 5.33mPa（30℃）；熔点 2.85℃；沸点 156～157℃（93.3Pa）；相对密度 1.23；折射率 1.4985。微溶于水（溶解度为 145mg/L），易溶于醇、酮、醚等多种有机溶剂；对光稳定但对热的稳定性稍差；在 pH 小于 5 或碱性溶液中迅速分解。

毒性 急性经口 LD_{50}（mg/kg）：大鼠 1375～2800，小鼠 775～3320。急性经皮 LD_{50}（mg/kg）：大鼠 4444。亚急性和慢性毒性：慢性毒性很低，用 5000mg/kg 饲料饲养大鼠 2 年，未出现死亡。微生物致突变：鼠伤寒沙门菌 10mg/L；枯草菌 1nmol/皿；其他微生物 100mg/L。姊妹染色单体交换：人类淋巴细胞 20mg/L；人类成纤维细胞 5mg/L。大鼠经口最低中毒剂量（TDLo）：283mg/kg（孕 9d），泌尿系统异常。水生生物忍受限量（48h）：鲤鱼为 9.0mg/L。马拉硫磷对鱼类低毒，但其分解产物马来酸二乙酯和马来酸对水生生物高毒，对蜜蜂等益虫高毒。

对映体性质差异 R 体对细胞生长抑制比 S 体强；R 体对斑马鱼胚胎发育的毒性大于 S 体[26,27]。

用途 是非内吸的广谱性有机磷类杀虫剂，有良好的触杀作用和一定的熏蒸作用，可防治稻谷、大麦、小麦、玉米和高粱等原粮及种子粮害虫。用于防治稻飞虱、叶蝉、蓟马；小麦黏虫、蚜虫。蔬菜黄条跳甲、蚜虫（喷雾，562.5～750g/hm^2）；林木、农田蝗虫（喷雾，450～600g/hm^2）；果树蝽象、蚜虫（喷雾，625～1000mg/kg）。

农药剂型 45%、70%乳油；1.2%、1.8%粉剂；混剂有 50%、60%敌畏·马乳油，20%、25%、30%高氯·马乳油，20%、25%马拉·辛硫磷乳油，12%马拉·杀螟松乳油，30%马拉·异丙威乳油，20%、40%氰戊·马拉松乳油，16%氯氰·马拉松乳油，20％丁硫·马乳油，30％马拉·灭多威乳油，25％马拉·三唑磷乳油，35％马拉·三唑酮乳油，6％马拉·吡虫啉可湿性粉剂，3％马拉·克百威颗粒剂，2.01％杀虫粉剂等。

　　登记信息　在中国、美国、澳大利亚、印度、韩国、加拿大、新西兰、南非等国家登记，欧盟批准。

灭虫畏（temivinphos）

$C_{11}H_{12}Cl_3O_4P$，345.6，35996-61-3

　　化学名称　2-氯-1-(2,4-二氯苯基)乙烯基乙基甲基磷酸酯。

　　其他名称　甲乙毒虫畏。

　　手性特征　具有一个手性磷，含有一对对映体。

　　理化性质　淡黄褐色液体，沸点124～125℃（0.133Pa）；蒸气压1.33mPa（20℃）。微溶于水，易溶于乙醇、丙酮、己烷。

　　毒性　急性经口LD_{50}（mg/kg）：雄性大鼠130，雌性大鼠150；雄性小鼠250，雌性小鼠210。急性经皮LD_{50}（mg/kg）：雄性大鼠70，雌性大鼠60；雄性小鼠60，雌性小鼠95。LC_{50}（mg/L）(48h)：鲤鱼0.58。

　　对映体性质差异　未见报道。

　　用途　有机磷杀虫剂，用于防治水稻螟虫、飞虱等害虫。

　　登记信息　在中国、美国、韩国、澳大利亚、巴西、印度、加拿大等国家未登记，欧盟未批准。

灭蝇磷（1,1-dichloro-2-(2-ethylsulfinylethoxy-methoxy-phosphoryl）oxy-ethene）

$C_7H_{13}Cl_2O_5PS$，311.0，7076-53-1

化学名称 O-甲基-O-乙基亚砜基乙基-O-(2,2-二氯乙烯基)磷酸酯。

手性特征 具有一个手性磷和一个手性硫，含有两对对映体。

理化性质 具有芳香的油状液体，熔点 40～42℃，沸点 152～154℃，相对密度为1.3552。难溶于水，能溶于大多数有机溶剂中。

毒性 急性口服毒性 LD_{50}（mg/kg）：大鼠 110；小鼠 200。

对映体性质差异 未见报道。

用途 防治家蝇等卫生害虫，具有触杀和胃毒作用。

登记信息 在中国、美国、韩国、澳大利亚、巴西、印度、加拿大等国家未登记，欧盟未批准。

七氟菊酯（tefluthrin）

$C_{17}H_{14}ClF_7O_2$，418.7，79538-32-2

化学名称 2,3,5,6-四氟-4-甲基苄基-(1RS,3RS)-3-[(Z)-2-氯-3,3,3-三氟丙-1-烯基]-2,2-二甲基环丙烷羧酸酯。

手性特征 具有两个手性碳，含有两对对映体。

理化性质 纯品为无色固体，原药为米色，熔点 44.6℃，沸点 153℃（1mmHg），蒸气压 8.4mPa（20℃）、50mPa（40℃）。20℃时溶解度：丙酮、二氯甲烷、乙酸乙酯、甲苯＞500g/L，甲醇 263g/L。水溶液在日光中 1 个月分解 27%～30%，土壤中半衰期：5℃时 150d，20℃时 24d，30℃时 17d。闪点 124℃。

毒性 急性经口 LD_{50}（mg/kg）：大鼠 22～35，小鼠 45～46。急性经皮 LD_{50}（mg/kg）：大鼠 148～1480。急性吸入 LC_{50}（mg/L 空气）：大鼠 0.4～0.5。大鼠慢性饲喂试验无作用剂量为每天 25mg/kg。LC_{50}（mg/L）(96h)：虹鳟鱼 $60×10^{-6}$，蓝鳃太阳鱼 $130×10^{-6}$。经口 LD_{50}（mg/kg）：鹌鹑 730。接触 LD_{50}（mg/只）：蜜蜂 $280×10^{-6}$。

对映体性质差异 未见报道。

用途 对鞘翅目、鳞翅目和双翅目昆虫高效。可用于防治南瓜十二星甲、金针虫、跳甲、金龟子、甜菜隐食甲、地老虎、玉米螟和麦秆蝇等。

农药剂型 10%乳油，1%、3%颗粒剂，10%胶悬剂等。

登记信息 在澳大利亚、美国、加拿大登记，中国、韩国、巴西、印度等国家未登记，欧盟批准。

七氯（heptachlor）

$C_{10}H_5Cl_7$，373.3，76-44-8

化学名称 1,4,5,6,7,10,10-七氯-4,7,8,9-四氢-4,7-甲撑茚。

其他名称 七氯化茚。

手性特征 含有一对对映体。

理化性质 白色结晶。熔点95～96℃，沸点135～145℃，相对密度1.58（20℃）（工业品）。27℃时溶解度：丙酮750g/L，苯1060g/L，四氯化碳1120g/L，乙醇45g/L，环己酮1190g/L，二甲苯1020g/L，煤油18.9g/L。25℃的蒸气压为53mPa。在水中溶解度0.056mg/L（25～29℃）。对光、湿气、酸、碱、氧化剂均稳定。

毒性 急性经口LD_{50}（mg/kg）：大鼠147～220，小鼠大于4000。

对映体性质差异 未见报道。

用途 用于防治地下害虫及蚁类，具有触杀、胃毒和熏蒸作用，对作物无药害，对人畜毒性较小。

登记信息 已被列入POPs公约，全球禁限用。

氰戊菊酯（fenvalerate）

$C_{25}H_{22}ClNO_3$，419.9，51630-58-1

化学名称 (RS)-α-氰基-3-苯氧基苄基-(1RS)-2-(4-氯苯基)-3-甲基丁酸酯。

手性特征 具有两个手性碳，含有两对对映体。

理化性质 纯品为黄色透明油状液体，原药为黄色或棕色黏稠状液体，熔点 $39.5 \sim 53.7℃$。沸点 $300℃$（$4.9 \times 10^3 Pa$，$25℃$），$20℃$ 时蒸气压 $1.92 \times 10^{-2} mPa$，相对密度 1.175（$25℃$）。能溶于甲醇、丙酮、乙二醇、三氯甲烷、二甲苯等有机溶剂（$20℃$ 时均大于 $450g/L$），微溶于己烷，难溶于水。热稳定性好，对酸不稳定，$pH > 8$ 不稳定，对光稳定。

毒性 急性经口 LD_{50}（mg/kg）：大鼠 451，小鼠 $200 \sim 300$，鸟类 > 1600。急性经皮 LD_{50}（mg/kg）：大、小鼠 > 5000。急性吸入 LC_{50}（mg/m^3）（$3h$）：大鼠 > 101。对兔眼睛有中度刺激性，对皮肤有轻度刺激性。大鼠 2 年喂养无作用剂量为每天 $250mg/kg$。原药对人 ADI 为 $0.06mg/kg$。动物试验未发现致畸、致癌、致突变作用。LC_{50}（$\mu g/L$）（$48h$）：虹鳟鱼 7.3。对蜜蜂高毒。

用途 对鳞翅目幼虫、直翅目、半翅目、双翅目害虫有效，用于防治棉花蚜虫、叶蝉、蟒象、卷叶虫、菜青虫、大豆食心虫、小麦黏虫、红铃虫、棉铃虫、柑橘潜叶蛾幼虫。用于防治大豆蚜虫（$30 \sim 60g/hm^2$，喷雾）、大豆食心虫（$60 \sim 90g/hm^2$，喷雾）、大豆豆荚螟、叶菜类蔬菜害虫（$60 \sim 120g/hm^2$，喷雾）、棉花害虫（$75 \sim 150g/hm^2$，喷雾）。还可防治柑橘潜叶蛾（$16 \sim 25mg/kg$，喷雾）、苹果和桃小食心虫（$50 \sim 100mg/kg$，喷雾）。禁止在茶树上使用。

农药剂型 20%、30%、40% 水乳剂，20% 乳油，5% S-氰戊菊酯水乳剂，5%、$50g/L$ S-氰戊菊酯乳油；混剂有 16%、25% 氰戊·辛硫磷乳油，7.5% 氰戊·吡虫啉乳油，25% 氰戊·乐果乳油，12.5% 氰戊·喹硫磷乳油，1.8% 阿维·氰戊乳油，1.3% 氰·鱼藤乳油，20% 氰戊·马拉松乳油，24% 氰戊·三唑酮可湿性粉剂，0.18%、0.45%、0.48% 杀虫粉剂等。

登记信息 在中国、印度、美国、澳大利亚登记，韩国、巴西、加拿大等国家未登记，欧盟未批准。在中国 S-氰戊菊酯登记使用。

驱蚊醇（ethyl-hexanediol）

$$C_8H_{18}O_2，146.23，94-96-2$$

化学名称 2-乙基-1,3-己二醇。

手性特征 驱蚊醇具有两个手性碳，含有两对对映体。

理化性质 无色略有黏性的液体，凝固点 $< -40℃$，沸点 $244.2℃$，相对密度 0.9422（$20℃$），闪点 $129℃$，蒸气压小于 $1.33Pa$（$20℃$）。溶于醇和醚，在

水中溶解度为 0.6%（20℃）。无气味，有吸湿性。

毒性 急性口服 LD$_{50}$（mg/kg）：兔 2600。急性经皮 LD$_{50}$（mg/kg）（暴露90d）：兔 2000。

对映体性质差异 未见报道。

用途 该品对蚊蝇是有效的驱虫剂，也可用于生产化妆品或作为油墨溶剂。为昆虫驱避剂，对大多数刺吸口器昆虫有效。与驱蚊酮、邻苯二甲酸二甲酯混合施用。

登记信息 在美国登记，在中国、韩国、澳大利亚、巴西、印度、加拿大等国家未登记，欧盟未批准。

炔丙菊酯（prallethrin）

C$_{19}$H$_{24}$O$_3$，300.4，23031-36-9

化学名称 （1RS）-2-甲基-4-氧代-3-（丙-2-炔基）环戊-2-烯基（1RS，3RS）-菊酸酯。

其他名称 丙炔菊酯；炔酮菊酯。

手性特征 具有三个手性碳，含有四对对映体。

理化性质 原药为油状液体，沸点＞313.5℃，蒸气压＜0.013mPa（23.1℃），相对密度 1.03（20℃）。易溶于甲醇、己烷（常温下溶解度＞50%），25℃时在水中溶解度为 8.03mg/L，正常存储条件至少稳定 2 年，在甲醇或乙醇中不稳定。闪点 139℃。

毒性 急性经口 LD$_{50}$（mg/kg）：雄性大鼠 640，雌性大鼠 460。急性经皮 LD$_{50}$（mg/kg）：大鼠＞5000。

对映体性质差异 未见报道。

用途 主要用于加工蚊香、电热蚊香、液体蚊香和喷雾剂防治家蝇、蚊虫、虱、蟑螂等家庭害虫。用于防治蚊、蝇、蟑螂。

农药剂型 10% 母药，0.06%、0.07%、0.15% 蚊香，0.81%、1.2%、1.3%、1.5% 电热蚊香液，9～18mg/片电热蚊香片；混剂有 8% 四氟甲·炔丙母药，8%、10% 炔丙·氯氟醚滴加液，0.18%、0.21% 蚊香，8.4～47mg/片电热蚊香片，0.25%、0.35%、0.56% 杀虫气雾剂，0.45% 杀蟑气雾剂等。

登记信息 在中国、美国、日本、印度、韩国、澳大利亚、加拿大等国家登记，巴西等国家未登记，欧盟未批准。1988 年最先在日本登记。

炔呋菊酯（furamethrin）

$C_{18}H_{22}O_3$，286.4，23031-38-1

化学名称 （1RS,3RS）-2,2-二甲基-3-（2-甲基-1-丙烯基）-环丙烷羧酸-5-（2 丙炔基）-2-呋喃甲基酯。

其他名称 呋喃菊酯。

手性特征 具有两个手性碳，含有两对对映体。

理化性质 浅棕色油状液，沸点 120～122℃（26.7Pa），200℃时的蒸气压为 18.9kPa，20℃时的蒸气压为 0.133Pa，易挥发。难溶于水（水中溶解度为 9mg/L），能溶于丙酮等有机溶剂。遇光、高温和碱性介质能分解，不耐贮存。

毒性 急性经口 LD_{50}（mg/kg）：雄性大鼠 1000，雌性大鼠 10000。急性经皮 LD_{50}（mg/kg）：雄性大鼠大于 7500。用 10～15g/kg 含药饲料分别喂大鼠和小鼠 1 个月，会抑制体重增加，但无致畸性。对怀孕 7～12d 的小鼠或 9～14d 的大鼠皮下注射 100mg/（kg·d），仔鼠无致畸，亦未出现生长受抑制现象。

对映体性质差异 未见报道。

用途 适用于室内防治卫生害虫。

登记信息 在韩国登记，中国、美国、澳大利亚、巴西、印度、加拿大等国家未登记，欧盟未批准。

炔螨特（propargite）

$C_{19}H_{26}O_4S$，350.47，2312-35-8

化学名称 (1RS,2RS)-2-(4-叔丁基苯氧基)环己基丙-2-炔基亚硫酸酯。

其他名称 丙炔螨特；克螨特。

手性特征 具有两个手性碳，含有两对对映体。

理化性质 相对密度 1.085~1.115，闪点 28℃，25℃水中溶解 0.5mg/L。

毒性 急性经口 LD_{50}（mg/kg）：大白鼠 2200，小白鼠 920。急性经皮 LD_{50}（mg/kg）：小白鼠 1130，兔>10000。TLm（mg/L）(48h)：鲤鱼 1.0，水虱 10。

对映体性质差异 未见报道。

用途 广谱性杀螨剂，具有胃毒和触杀作用。对若螨和成螨均有特效，但对天敌无害，适用于棉花、果树、茶树等作物上的螨类防治。用于防治柑橘树红蜘蛛（57%乳油稀释 1500~2500 倍液，喷雾）、棉花红蜘蛛（57%乳油 0.6~0.9L/hm²，喷雾）。

农药剂型 57%、73%、570g/L、730g/L 乳油，30%、40%、50%水乳剂，40%微乳剂；混剂有 30%阿维·炔螨特乳油，40%丙溴·炔螨特乳油，40%苯丁·炔螨特乳油，30%甲氰·炔螨特乳油，30%阿维·炔螨特水乳剂，40%哒灵·炔螨特水乳剂，13%唑酯·炔螨特水乳剂，40.6%、56%阿维·炔螨特微乳剂，20%氟脲·炔螨特微乳剂，20%四嗪·炔螨特可湿性粉剂等。

登记信息 在中国、美国、印度、澳大利亚等国家登记，韩国、巴西、加拿大等国家未登记，欧盟未批准。

炔咪菊酯（imiprothrin）

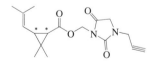

$C_{17}H_{22}N_2O_4$，318.4，72963-72-5

化学名称 (1RS,3RS)-2,2-二甲基-3-(2-甲基-1-丙烯基)环丙烷羧酸-[2,5-二氧-3-(2-丙炔基)]-1-咪唑烷基甲基酯。

手性特征 具有两个手性碳，含有两对对映体。

理化性质 黏性液体，蒸气压 $1.8×10^{-3}$ mPa（25℃），相对密度 1.1（20℃），在水中溶解度 93.5mg/L（25℃），可溶于甲醇、丙酮、二甲苯等有机溶剂。常温下贮存 2 年无变化。闪点 141℃。

毒性 急性经口 LD_{50}（mg/kg）：雄性大鼠 1800，雌性大鼠 900。急性经皮 LD_{50}（mg/kg）：大鼠大于 2000。

对映体性质差异 未见报道。

用途 主要用于防治蟑螂、蚊、蚂蚁、跳蚤、尘螨、衣鱼、蟋蟀、蜘蛛等害虫和有害生物，对蟑螂有特效。

农药剂型 50%母药；混剂有 0.3%、0.35%、0.4%、0.48%杀蟑气雾剂，0.18%、0.25%、0.3%、0.4%杀虫气雾剂。

登记信息 在中国、美国、加拿大、印度、日本、澳大利亚等国家登记，韩国、巴西等国家未登记，欧盟未批准。1996 年最先在日本登记。

噻嗯菊酯（kadethrin）

$C_{23}H_{24}O_4S$，396.5，58769-20-3

化学名称 （＋）-*cis*-2,2-二甲基-3(2,2,4,5-四氢-2-氧代-噻嗯-3-甲基亚基)环丙烷羧酸-(*E*)-5-苄基-3-呋喃甲基酯。

其他名称 克敌菊酯。

手性特征 具有两个手性碳，含有两对对映体。

理化性质 外观为黄色至棕色油状液体，熔点 31℃，蒸气压＜0.1mPa（20℃），溶于二氯甲烷和乙醇、苯、甲苯、二甲苯、丙酮，微溶于煤油，不溶于水。碱性水溶液中水解，日照分解，热不稳定。

毒性 急性经口 LD_{50}（mg/kg）：雄性大鼠 1324，雌性大鼠 650，狗＞1000；急性经皮 LD_{50}（mg/kg）：雌性大鼠＞3200。对皮肤、眼睛和呼吸道有轻微刺激性。

对映体性质差异 未见报道。

用途 对昆虫有较高的击倒作用，但亦有一定的杀死活性，对蚊虫有驱避和拒食作用。

登记信息 在中国、美国、韩国、澳大利亚、巴西、印度、加拿大等国家未登记，欧盟未批准。

噻螨酮（hexythiazox）

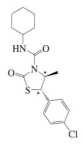

C₁₇H₂₁ClN₂O₂S，352.9，78587-05-0

化学名称　(4RS,5RS)-5-(4-氯苯基)-N-环己基-4-甲基-2-氧代-1,3-噻唑烷-3-羧酰胺。

其他名称　尼索朗。

手性特征　具有两个手性碳，含有两对对映体。

理化性质　无味白色结晶；熔点108.0～108.5℃；蒸气压3.39μPa（20℃）；溶解度（20℃）：三氯甲烷137g/100mL，丙酮16g/100mL，正己烷0.39g/100mL，甲醇2.06g/100mL，二甲苯36.2g/100mL，乙腈2.86g/100mL，水0.5mg/L。一般条件下稳定。

毒性　急性经口、经皮LD₅₀（mg/kg）：大鼠大于5000，对兔的眼睛和皮肤无刺激性，对豚鼠无变态反应。狗12个月和大白鼠3个月喂饲试验均无不良影响，致畸变试验和重组缺陷型试验均显阴性。水生生物毒性TLm（mg/L）：鲤鱼3.2（96h）；鳟鱼大于300（96h）；水虱1.2（48h）。在正常剂量下使用对蜜蜂无毒。

对映体性质差异　(4R,5R)-(＋)是活性体，其对映体基本无活性。

用途　是一种新的噻唑烷酮类杀螨剂。杀虫谱广，对叶螨、全爪螨具有高的杀螨活性，低浓度使用，效果良好，并有较好的残效性，无内吸性，对成虫效果差。用于防治棉花红蜘蛛（5％可湿性粉剂50～66g/亩，喷雾）；苹果、柑橘、山楂红蜘蛛（5％可湿性粉剂稀释1650～2000倍液，喷雾）。

农药剂型　5％可湿性粉剂，5％水乳剂，5％乳油；混剂有12.5％、20％噻螨·哒螨灵乳油，7.5％、12.5％甲氰·噻螨酮乳油，22％、33％、36％噻酮·炔螨特乳油，3％、5％、10％阿维·噻螨酮乳油，15％联苯·噻螨酮乳油等。

登记信息　在中国、美国、日本、印度、澳大利亚等国家登记使用，韩国、巴西、加拿大等国家未登记，欧盟批准。1985年最先在日本登记。

噻唑磷（fosthiazate）

$C_9H_{18}NO_3PS_2$，283.3，98886-44-3

化学名称 (RS)-S-仲丁基-O-乙基-2-氧代-1,3-噻唑烷-3-基硫代磷酸酯。

手性特征 具有一个手性碳，一个手性磷，含有两对对映体。

理化性质 纯品为浅棕色油状物；蒸气压大于 $5.6×10^{-4}Pa$（25℃）；沸点 198℃（66.66Pa）；相对密度 1.240（20℃）；溶解度（mg/L）(20℃)：水 9.85，正己烷 15.14。

毒性 急性经口 LD_{50}（mg/kg）：大鼠 73（雄），大鼠 57（雌）。急性经皮 LD_{50}（mg/kg）：大鼠 2396（雄），大鼠 861（雌）。对兔眼有刺激，而对皮肤无刺激。

对映体性质差异 （－）体毒力是（＋）体的 30 倍，杀虫活性（＋）体＞（－）体；对映体对大型溞的急性毒性存在差异[29]。

用途 有机磷杀线虫剂，主要用于防治线虫、蚜虫等。主要用于防治番茄、黄瓜、马铃薯、西瓜根线虫，用药量 2250～3000g/hm²，土壤撒施。

农药剂型 75％乳油；10％、20％、30％微囊悬浮剂；5％、10％、15％、20％颗粒剂；5％微乳剂；20％、40％水乳剂；5％可溶液剂；混剂有 10％、21％阿维·噻唑磷水乳剂，6％寡糖·噻唑磷水乳剂，9％甲维·噻唑磷水乳剂，10％阿维·噻唑磷乳油，6％阿维·噻唑磷微囊悬浮剂，5％、9％、10％、11％阿维·噻唑磷颗粒剂，13％二嗪·噻唑磷颗粒剂，5％、9％寡糖·噻唑磷颗粒剂等。

登记信息 在中国、美国、日本、澳大利亚等国家登记，韩国、巴西、印度、加拿大等国家未登记，欧盟批准。1992 年最先在日本上市。

三氯杀虫酯（plifenate）

$C_{10}H_7Cl_5O_2$，336.4，51366-25-7；21757-82-4

化学名称 (2RS)-1,1,1,-三氯-2-(3,4-二氯苯基)乙酸乙酯。

其他名称 蚊蝇净；蚊蝇灵。

手性特征 具有一个手性碳，含有一对对映体。

理化性质 纯品为白色结晶，熔点84.5℃，20℃时的蒸气压为0.15μPa。20℃时水中的溶解度50μg/L，易溶于丙酮、甲苯、二甲苯、热的甲醇、乙醇等有机溶液中。在中性和弱酸性时较为稳定，碱性时有分解。

毒性 属低毒杀虫剂。急性经口LD_{50}（g/kg）：大鼠10，经皮LD_{50}（g/kg）：大鼠36。慢性毒性大白鼠经口无作用剂量为2g/kg。对大白鼠无致畸、致癌、致突变作用。

对映体性质差异 未见报道。

用途 有机氯杀虫剂，具有触杀和熏蒸作用，高效、低毒，对人畜安全，主要用于防治卫生害虫，杀灭蚊蝇效力高，是比较理想的家庭用杀虫剂。可用于触杀、熏蒸使用。

登记信息 在中国登记，美国、韩国、澳大利亚、巴西、印度、加拿大等国家未登记，欧盟未批准。

三氟醚菊酯（flufenprox）

$C_{24}H_{22}ClF_3O_3$，450.9，107713-58-6

化学名称 ［3-(4-氯苯氧基)苄基]-(2RS)-2-(4-乙氧基苯基)-3,3,3-三氟丙基醚。

手性特征 具有一个手性碳，含有两个对映体。

理化性质 为无味、透明淡黄色液体，相对密度1.25，沸点204℃（26.7Pa），蒸气压0.13μPa（20℃）。水中溶解度2.5μg/L。溶于己烷、甲苯、丙酮、二氯甲烷、乙酸乙酯、正辛醇、乙腈和甲醇（＞500g/L）。

毒性 对大鼠急性、内吸毒性低。急性口服LD_{50}（g/kg）：大鼠大于5。急性经皮LD_{50}（g/kg）：大鼠大于2。对兔皮肤和眼睛刺激中等，对豚鼠皮肤敏感。无遗传毒性。对大鼠和白兔无致畸性。LC_{50}（mg/L）（96h）：鲤鱼＞10，LD_{50}：蜜蜂0.03μg/只，水蚤0.00035mg/L（48h）。

对映体性质差异 未见报道。

用途 杀虫谱广，对蜘蛛和捕食性螨类低毒，防治同翅目、异翅目、鳞翅目和鞘翅目等害虫有很强的活性，对蟑螂和白蚁也有防治活性。

登记信息 在中国、美国、韩国、澳大利亚、巴西、印度、加拿大等国家未登记，欧盟未批准。

杀螨特（aramite）

$C_{15}H_{23}ClO_4S$，334.9，140-57-8

化学名称 亚硫酸-O-氯乙基-O-(1-甲基-对叔丁基苯氧基)乙基酯。

其他名称 螨灭得。

手性特征 具有一个手性碳和一个手性硫，含有两对对映体。

理化性质 纯品是无色液体，沸点175℃（13.3mPa）；相对密度1.45～1.62（20℃）。不溶于水，溶于多种有机溶剂。遇强酸强碱分解。

毒性 急性口服LD_{50}（g/kg）：大鼠3.9，小鼠2。对人畜近于无毒。

对映体性质差异 未见报道。

用途 具触杀作用，用于棉花、果树和黄瓜等作物杀螨，对棉红蜘蛛具有强烈而迅速的毒杀作用。

登记信息 在美国登记，在中国、韩国、澳大利亚、巴西、印度、加拿大等国家未登记，欧盟未批准。

蔬果磷（dioxabenzofos）

$C_8H_9O_3PS$，216.2，3811-49-2

化学名称 2-甲氧基-$4H$-苯并-1,3,2-二噁杂苷-2-硫醚。

其他名称 水杨硫磷。

手性特征 具有一个手性磷，含有一对对映体。

理化性质　纯品为无色至淡蓝色结晶固体；熔点 55.5～56℃；蒸气压 0.627Pa（25℃）。工业品为淡黄色结晶，熔点 52～55℃。在水中的溶解度为 58mg/L（30℃），能与丙酮、苯、乙醇和乙醚混溶，在弱酸或碱性介质中稳定。遇碱易分解。耐热性差。

毒性　急性经口 LD_{50}（mg/kg）：大白鼠 180（雌），大白鼠 125（雄），小白鼠 94（雄），小白鼠 128（雌）。急性经皮 LD_{50}（mg/kg）：大白鼠 590（雌），大白鼠 400（雄），小白鼠＞1250。LC_{50}（mg/L）（48h）：鲤鱼 3.55，鲫鱼 2.8。对人畜毒性中等。

对映体性质差异　杀虫活性 S-(－) 体大于 R-(＋)；对蚊、黏虫、小鼠的活性是 R-(＋) 体大于 S-(－) 体；而对蝇的活性为 S-(－) 体＞R-(＋) 体；离体乙酰胆碱酯酶的抑制活性 R-(＋) 体大于 S-(－) 体；大型溞急性毒性 S-(－) 体大于 R-(＋) 体[30,31]。

用途　是一种广谱高效低残留有机磷杀虫剂，主要用于防治作物地下害虫，对棉花后期棉铃虫、柑橘介壳虫及蔬菜的多类害虫药效显著。预防及防治水果、大米、茶叶、烟草和蔬菜上的各种蛀食、嚼食和吸吮昆虫（如蚜虫科、蚧虫科、蛀茎虫、水蜡科、麦角蟥科、鳞翅目、黑斑目等）。

登记信息　在中国、美国、韩国、澳大利亚、巴西、印度、加拿大等国家未登记，欧盟未批准。

水胺硫磷（isocarbophos）

$C_{11}H_{16}NO_4PS$, 289.3, 24353-61-5

化学名称　O-甲基-O-(邻-异丙氧羰基苯基)硫代磷酰胺。

其他名称　羧胺磷。

手性特征　具有一个手性磷，含有一对对映体。

理化性质　纯品为无色片状结晶，工业原药为浅黄色至茶褐色黏稠油状液体；呈酸性，在常温下放置会逐渐析出结晶；熔点 45～46℃。能溶于乙醇、乙醚、苯、丙酮及乙酸乙酯，不溶于水，难溶于石油醚。在常温下较稳定。

毒性　急性经口 LD_{50}（mg/kg）：雄大鼠 25、雌性 36，雄小鼠 11，雌小鼠 13。急性经皮 LD_{50}（mg/kg）：雄大鼠 197。水胺硫磷对人畜口服毒性很高，但皮肤接触毒性较低。

对映体性质差异 S 体生物活性比 R 体高 13.2 倍；S 体对家蚕的急性毒性比 R 体高[32]。对大型溞毒性（＋）体大于（－）体[33]，S-（＋）-体对水稻害虫的生物活性高于 R-（－）-体[34]。

用途 为广谱有机磷杀虫、杀螨剂，具触杀、胃毒和卵杀作用。用于稻、棉、果树等作物防治食叶害虫及地下害虫。用于防治棉铃虫（喷雾，300～600g/hm²）、棉红蜘蛛（喷雾，252～336g/hm²）、稻象甲（喷雾，105～210g/hm²）、水稻蓟马及螟虫（喷雾，450～900g/hm²）。禁止在蔬菜、瓜果、茶叶、菌类、中草药材上使用。禁止用于防治卫生害虫。禁止用于水生植物的病虫害防治。

农药剂型 20％、35％、40％乳油；混剂有 20％水胺·高氯乳油；29％水胺·吡虫啉乳油；26％、35％水胺·辛硫磷乳油；20％、30％水胺·三唑磷乳油；36.8％水胺·马拉松乳油；25％水胺·灭多威乳油；20％氯氰·水胺乳油；30％氰戊·水胺乳油等。

登记信息 在中国登记，美国、韩国、澳大利亚、巴西、印度、加拿大等国家未登记，欧盟未批准。

顺式氯丹（*cis*-chlordane）

$C_{10}H_6Cl_8$，409.8，5103-71-9

化学名称 ($1a$,$2a$,$3a\alpha$,7β,$7a\alpha$)-1,2,4,5,6,7,8,8-八氯-2,3,3a,4,7,7a-六氢-4,7-亚甲基-1H-茚。

手性特征 含有一对对映体。

理化性质 棕褐色黏稠液体，熔点 106～107℃，可溶于多种有机溶剂，遇碱不稳定。

毒性 口服 LD_{50}（mg/kg）：大鼠 500，小鼠 125。

对映体性质差异 未见报道。

用途 具有触杀，胃毒及熏蒸作用，杀虫谱广，残效期长。

登记信息 已被列入 POPs 公约，全球禁限用。

四氟苯菊酯（transfluthrin）

$C_{15}H_{12}Cl_2F_4O_2$，371.2，118712-89-3

化学名称 2,3,5,6-四氟苄基($1R$,$3S$)-3-(2,2-二氯乙烯基)-2,2-二甲基环丙烷羧酸酯。

手性特征 具有两个手性碳，含有两对对映体。

理化性质 无色晶体，熔点32℃，沸点135℃（10kPa）。蒸气压$4.0×10^{-1}$ mPa（20℃），正辛醇-水分配系数$\lg K_{OW}=5.46$（20℃）。密度1.5072g/cm^3（23℃），在水中溶解度$5.7×10^{-5}$g/L（20℃），溶于有机溶剂。

毒性 急性经口LD_{50}（mg/kg）：大鼠大于5000g，雄小鼠583，雌小鼠688。急性经皮LD_{50}（mg/kg）(24h)：大鼠大于5000。

对映体性质差异 未见报道。

用途 杀虫广谱，能有效地防治卫生害虫和储藏害虫；对双翅目昆虫如蚊类有快速击倒作用，且对蟑螂、臭虫有很好的残留效果。可用于蚊香、气雾杀虫剂、电热片蚊香等多种制剂中。用于驱避蚊、蝇、蟑螂、蠹虫。

农药剂型 1.7%微乳剂，0.9%、1.24%、1.8%电热蚊香液，15mg/片电热蚊香片，450mg/盒电热蚊香浆，100mg/盘驱蚊粒；混剂有10%残杀威·四氟苯菊酯微乳剂，1.2%氯菊酯·四氟苯菊酯微乳剂，12%氯菊酯·四氟苯菊酯乳油，15%顺氯·四氟苯可湿性粉剂，0.18%、0.22%、0.36%、0.48%杀虫气雾剂，14～37.5mg/片电热蚊香片等。

登记信息 在中国、印度、澳大利亚登记，美国、韩国、巴西、加拿大等国家未登记，欧盟未批准。

四氟甲醚菊酯（dimefluthrin）

$C_{19}H_{22}F_4O_3$，374.4，271241-14-6

化学名称 菊酸-2,3,5,6-四氟-4-(甲氧基甲基)苄酯。

手性特征 具有两个手性碳，含有两对对映体。

理化性质 外观为浅黄色透明液体，具有特异气味。沸点134～140℃ (26.7Pa)，相对密度1.18，蒸气压0.91mPa（25℃），易与丙酮、乙醇、己烷、二甲基亚砜互溶。

毒性 急性经口 LD_{50}（mg/kg）：雄大鼠2036，雌大鼠2295。急性经皮 LD_{50}（mg/kg）(24h)：大鼠2000。

对映体性质差异 未见报道。

用途 家用杀虫剂。用于防治蚊、蝇、蟑螂。

农药剂型 5％、6％母药，0.02％、0.03％蚊香，0.3％、0.47％、0.62％、0.93％电热蚊香液；混剂有8％四氟甲·炔丙母药，8～10mg/片电热蚊香片等。

登记信息 在中国登记，美国、韩国、澳大利亚、巴西、印度、加拿大等国家未登记，欧盟未批准。

四甲磷（mecarphon）

$C_7H_{14}NO_4PS_2$，271.3，29173-31-7

化学名称 甲基-N-[2-(甲氧基甲基硫膦基)硫代乙酰]-N-甲基氨基甲酸酯。

手性特征 具有一个手性磷，含有一对对映体。

对映体性质差异 未见报道。

登记信息 在中国、美国、韩国、澳大利亚、巴西、印度、加拿大等国家未登记，欧盟未批准。

四溴菊酯（tralomethrin）

$C_{22}H_{19}Br_4NO_3$，665.0，66841-25-6

化学名称 （S)-α-氰基-3-苯氧基苄基-(1RS,3RS)-2,2-二甲基-3-[(RS)-(1,2,2,2-四溴乙基)]环丙烷羧酸酯。

其他名称 四溴氰菊酯。

手性特征 具有三个手性碳，含有四对对映体。工业品为（S)-α-氰基-3-苯氧基苄基（1R,cis)-2,2-二甲基-3-(1,2,2,2-四溴乙基)环丙烷羧酸酯。

理化性质 工业品为黄色到米色树脂状物质，熔点 $138\sim148℃$，蒸气压 $4.8\times10^{-6}mPa$（25℃），正辛醇-水分配系数 $lgK_{OW}=5$（25℃），相对密度 1.70（20℃），能溶于丙酮、二甲苯、甲苯、二氯甲烷、二甲基亚砜、乙醇等有机溶剂，在水中溶解度为 $80\mu g/L$。50℃ 6 个月不分解，对光稳定，无腐蚀性。闪点 26℃。

毒性 急性经口 LD_{50}（mg/kg）：大鼠 $99\sim3000$，鹌鹑 >2510。急性经皮 LD_{50}（mg/kg）：兔 >2000。急性吸入 LC_{50}（mg/kg）(4h)：大鼠 0.286。对兔皮肤和眼睛有轻微刺激作用。大鼠 2 年饲喂试验无作用剂量为每天 0.75mg/kg、小鼠为每天 3mg/kg、狗每天 1mg/kg。对大鼠、小鼠和兔无致畸作用。LC_{50}（mg/L）：虹鳟鱼 0.0016（96h），蓝鳃太阳鱼 0.0043（96h），水蚤 38（48h）。接触 LD_{50}（mg/只）：蜜蜂 0.00012。

对映体性质差异 未见报道。

用途 防治农业鞘翅目、同翅目、直翅目等害虫，尤其是禾谷类、咖啡、棉花、果树、玉米、油菜、水稻、烟草和蔬菜上的鳞翅目害虫。

登记信息 在中国、美国、韩国、澳大利亚、巴西、印度、加拿大等国家未登记，欧盟未批准。

五氟苯菊酯（fenfluthrin）

$C_{15}H_{11}Cl_2F_5O_2$，389.2，75867-00-4

化学名称 2,3,4,5,6-五氟苄基-(1RS,3RS)-3-(2,2-二氯乙烯基)-2,2-二甲基环丙烷羧酸酯。

手性特征 具有两个手性碳，含有两对对映体。

理化性质 纯品为有轻微气味的无色晶体，熔点 44.7℃，相对密度 1.38（25℃），沸点 130℃（10Pa），20℃时蒸气压约 1.0mPa。在 20℃时的溶解度（g/L）：水中 10^{-4}，正己烷、异丙醇、甲苯和二氯甲烷均 >1000。

毒性 口服 LD_{50}（mg/kg）：大鼠 90～105（雄），85～120（雌）；小鼠 119（雄），158（雌）。大鼠吸入 LC_{50}：暴露 1h 雄鼠为 500～649mg/m³，雌鼠为 335～500mg/m³；暴露 4h 雄鼠为 134～193mg/m³，雌鼠约 134mg/m³；暴露 30h，雄、雌鼠＞97mg/m³。对大鼠的试验表明，亚急性口服毒性的无作用剂量为 5mg/kg；亚急性吸入毒性的无作用浓度为 14mg/m³；亚慢性口服毒性的无作用剂量为 200mg/L；亚慢性吸入毒性的无作用浓度为 4.2mg/m³。对狗的试验表明，亚慢性口服毒性的无作用剂量为 100mg/L。实验条件下无致畸作用。LD_{50}：母鸡＞2500mg/kg；日本鹌鹑＞2000mg/kg（雄）和 1500～2000mg/kg（雌）；虹鳟＜0.0013mg/L（96h）。

对映体性质差异 未见报道。

用途 是低剂量高效广谱杀虫剂，对家蝇、伊蚊属、斯氏按蚊具快速击倒作用，主要用于食草动物体外寄生虫的防治，能有效地防治卫生昆虫和贮藏害虫；对双翅目昆虫如蚊类有快速击倒作用，且对蟑螂、臭虫等爬行害虫有很好的残留活性。用于防治蚊、蝇、蟑螂、跳蚤和臭虫，采用熏蒸方式使用。

登记信息 在中国、美国、日本、韩国、澳大利亚、巴西、印度、加拿大等国家未登记，欧盟未批准。

戊菊酯（valerate）

$C_{24}H_{23}ClO_3$，394.9，51630-33-2

化学名称 (RS)-2-(4-氯苯基)-3-甲基丁酸间苯氯基苄酯。

手性特征 具有一个手性碳，含有一对对映体。

理化性质 黄色或棕色油状液体。沸点 248～250℃（266.4Pa），相对密度 1.164（20℃）。能溶于一般有机溶剂，如乙醇、丙酮、甲苯、二甲苯等，不溶于水。对光、热稳定，在酸性条件下稳定，遇碱分解。

毒性 急性经口 LD_{50}（mg/kg）：雄大鼠 2416，小鼠 2129。急性经皮 LD_{50}（mg/kg）：小鼠＞4766。大鼠无作用剂量为 250mg/kg。属中等蓄积性。动物试验未见致畸、致突变作用。对皮肤及黏膜无明显刺激作用。

对映体性质差异 未见报道。

用途 高效、低毒、低残留的广谱杀虫剂，具有触杀、胃毒和驱避作用，对害虫击倒快，毒力强，持效期长。适用于防治蔬菜、果树、茶树、棉花、水稻等害虫；还可用于防治蚊蝇、蟑螂等卫生害虫。对作物有一定刺激生长作用。

登记信息　在美国、韩国登记，中国、澳大利亚、巴西、印度、加拿大等国家未登记，欧盟未批准。

戊烯氰氯菊酯（pentmethrin）

$C_{15}H_{19}Cl_2NO_2$，316.22，79302-84-4

化学名称　（1RS,3RS)-2,2-二甲基-3-（2,2-二氯乙烯基）环丙烷羧酸-1-氰基-2-甲基-戊-2-烯基酯。

其他名称　灭蚊菊酯；氰戊烯氯菊酯。

手性特征　具有三个手性碳，含有四对对映体。

理化性质　棕褐色油状液，工业品有效成分含量≥85％，相对密度1.138，沸点150℃（400Pa），20℃时的蒸气压为17.3mPa。不溶于水，能溶于苯、乙醇、甲苯等有机溶剂。

毒性　急性口服LD_{50}（mg/kg）：大鼠4640，小鼠1930，对兔皮肤无刺激性，高浓度对眼睛有轻微刺激作用。弱蓄积性。Ames试验和骨髓染红细胞微核试验均为阴性。

对映体性质差异　未见报道。

用途　具有触杀，胃毒作用杀虫剂。卫生杀虫剂，防治成蚊，主要用于加工蚊香。用于防治蚊，采用熏蒸等方式使用。

登记信息　在中国、美国、韩国、澳大利亚、巴西、印度、加拿大等国家未登记，欧盟未批准。

烯丙菊酯（allethrin）

$C_{19}H_{26}O_3$，302.4，584-79-2

化学名称 （1RS）-2-甲基-4-氧化-3-（2-丙烯基）-2-环戊烯-1-基-（1RS,3RS）-2,2-二甲基-3-（2-甲基-1-丙烯基）-环丙烷羧酸酯。

其他名称 丙烯菊酯。

手性特征 具有三个手性碳，含有四对对映体。

理化性质 工业品为淡黄色液体。沸点281.5℃（760mmHg），蒸气压0.16mPa（21℃），正辛醇-水分配系数 $\lg K_{OW}=4.96$（室温），相对密度1.01（20℃）。不溶于水，能与石油互溶，易溶于乙醇、四氯化碳等大多数有机溶剂中。在中性和弱酸性条件下稳定，紫外照射分解，碱性条件下水解。

毒性 口服 LD_{50}（mg/kg）：小鼠640，大鼠920。经皮 LD_{50}（mg/kg）：大鼠3700。

对映体性质差异 未见报道。

用途 主要用于室内防除蚊蝇。用于防治蚊、蝇、蟑螂，采用熏蒸等方式使用。

登记信息 在美国、加拿大、印度、韩国、澳大利亚等国家登记，在中国、巴西等国家未登记，欧盟未批准。

烯虫炔酯（kinoprene）

$C_{18}H_{28}O_2$，276.4，42588-37-4

化学名称 丙-2-炔-（2E,4E）-（7RS）-3,7,11-三甲基十二碳-2,4-二烯酸酯。

手性特征 具有一个手性碳，含有一对对映体。

对映体性质差异 未见报道。

用途 用于温室、遮阳棚和车床房，防治木本植物、草本观赏植物和花坛植物中同翅目和双翅目害虫（如蚜虫、白粉虱、粉虱和真菌）。

登记信息 在加拿大、美国登记，中国、韩国、澳大利亚、巴西、印度等国家未登记，欧盟未批准。

烯虫乙酯（hydroprene）

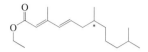

C$_{17}$H$_{30}$O$_2$，266.42，65733-18-8

化学名称　（2E,4E）-（7RS）-3,7,11-三甲基十二碳-2,4-二烯酸乙酯。

手性特征　具有一个手性碳，含有一对对映体。

毒性　大鼠急性经口 LD$_{50}$＞5000mg/kg。

对映体性质差异　未见报道。

用途　是一种昆虫生长调节剂类的杀虫剂，常用以对抗蟑螂、甲虫和飞蛾。可用于防治鞘翅目、同翅目和鳞翅目害虫。

登记信息　在美国登记，在中国、韩国、澳大利亚、巴西、印度、加拿大等国家未登记，欧盟未批准。

烯虫酯（methoprene）

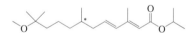

C$_{19}$H$_{34}$O$_3$，310.47，40596-69-8

化学名称　（2E,4E）-（7RS）-11-甲氧基-3,7,11-三甲基十二碳-2,4-二烯酸异丙酯。

手性特征　具有一个手性碳，含有一对对映体。

理化性质　原药为淡黄色液体，密度 0.9261g/mL（20℃），沸点 100℃，熔点-20℃，在水中溶解度 1.4mg/L，可与有机溶剂混溶。

毒性　急性经口 LD$_{50}$（mg/kg）：大鼠＞34600。

对映体性质差异　未见报道。

用途　为烟叶保护剂，干扰昆虫的蜕皮过程。用于防治烟草甲虫，喷雾使用。

农药剂型　20% S-烯虫酯微囊悬浮剂（4.1%可溶液剂登记过期）。

登记信息　在中国、美国、澳大利亚、加拿大登记，韩国、巴西、印度等国家未登记，欧盟未批准。在中国 S-烯虫酯登记使用。

消螨通（dinobuton）

$C_{14}H_{18}N_2O_7$，326.3，973-21-7

化学名称　2-仲丁基-4,6-二硝基苯基碳酸异丙酯。

其他名称　敌螨通；P-1053；MC1053；UC-19786；OMS1056；ENT27244。

手性特征　具有一个手性碳，含有一对对映体。

理化性质　淡黄色晶体；熔点 61～62℃；蒸气压＜1mPa（20℃）；相对密度 0.9（20℃）。在水中溶解度 0.1mg/L（20℃），可溶于脂族烃类、乙醇和脂肪油，易溶于低级脂族酮类和芳烃类。

毒性　急性口服 LD_{50}（mg/kg）：大鼠 140，小鼠 2540，母鸡 150。大鼠经皮致死最低量 1500mg/kg。急性经皮 LD_{50}（g/kg）：大鼠大于 5，兔 3.2。腹腔注射 LD_{50}（mg/kg）：小鼠 125。最大无作用剂量，狗为每天 4.5mg/kg，大鼠为每天 3～6mg/kg。

对映体性质差异　未见报道。

用途　杀螨剂和杀菌剂。可用于防治柑橘、果树、棉花、胡瓜、蔬菜等植食性螨类；还可防治棉花、苹果和蔬菜的白粉病。非系统性杀螨剂和杀菌剂，适用于防治苹果、梨、核果、葡萄、棉花、蔬菜、观赏植物和草莓等植株上的红蜘蛛螨和白粉病，用药量为 40～100g/100L。

登记信息　在美国登记，在中国、韩国、澳大利亚、巴西、印度、加拿大等国家未登记，欧盟未批准。

溴苯磷（leptophos）

$C_{13}H_{10}BrCl_2O_2PS$，412.07，21609-90-5

化学名称 *O*-(4-溴-2,5-二氯苯基)-*O*-甲基苯基硫代磷酸酯。

其他名称 对溴磷。

手性特征 具有一个手性磷，含有一对对映体。

理化性质 白色固体，微溶于水，易溶于丙酮、己烷、苯。熔点71～73℃，闪点＞100℃。

毒性 剧毒农药。急性经口 LD$_{50}$（mg/kg）：大鼠19，小鼠65。

对映体性质差异 未见报道。

用途 杀虫剂。乳油用于防治棉花上的鳞翅目害虫（如滨翅蛾，用药量为1.5kg/hm^2）、水果和蔬菜上的鳞翅目害虫（用药量为100g/100L）；颗粒剂用于防治玉米螟，用药量为1.5kg/hm^2。

登记信息 在美国登记，在中国、韩国、澳大利亚、巴西、印度、加拿大等国家未登记，欧盟未批准。

溴氟菊酯（brofluthrinate）

C$_{26}$H$_{22}$BrF$_2$NO$_4$，530.4，160791-64-0

化学名称 (*RS*)-α-氰基-3-(4-溴苯氧基)苄基-(*RS*)-2-(4-二氟甲氧基苯基)-3-甲基丁酸酯。

其他名称 中西溴氟菊酯。

手性特征 具有两个手性碳，含有两对对映体。

理化性质 工业品为淡黄色至深棕色液体。易溶于醇、醚、苯、丙酮等多种有机溶剂，不溶于水。在中性、微酸性介质中稳定，碱性介质易水解。对光比较稳定。

毒性 急性经口 LD$_{50}$（mg/kg）：小鼠≥10000，大鼠≥12600。急性经皮 LD$_{50}$（mg/kg）：小鼠≥20000。对兔眼和皮肤均无影响，Ames 试验呈阴性。无致畸、致癌、致突变性。对蜜蜂低毒，对蜂螨高效。

对映体性质差异 未见报道。

用途 为高效广谱的杀虫、杀螨剂，对多种害虫、害螨呈现了良好的效果，包括棉铃虫、小菜蛾等。用于防治谷物、棉花、蔬菜、水果、茶叶和大豆中的蜘蛛螨和鳞翅目害虫。

登记信息　在中国、美国、韩国、澳大利亚、巴西、印度、加拿大等国家未登记，欧盟未批准。

溴灭菊酯（brofenvalerate）

$C_{25}H_{21}BrClNNO_3$，498.8，65295-49-0

化学名称　（RS）-2-（4-氯苯基）-3-甲基丁酸-α-（RS）-氰基-3（4-溴苯氧基）苄酯。

手性特征　具有两个手性碳，含有两对对映体。

理化性质　原药为暗琥珀色油状液体，相对密度1.367。可溶于二甲基亚砜等有机溶剂，不溶于水。对光、热稳定，酸性条件稳定，碱性条件易分解。

毒性　急性口服 LD_{50}（g/kg）：大鼠＞1，小鼠8。急性经皮 LD_{50}（g/kg）：大鼠＞10。急性吸入 LC_{50}（g/L）：大鼠＞2.5。对兔眼睛和皮肤无刺激作用。对大鼠慢性经口无作用剂量为2.5g/kg。无致基因突变和诱变毒性。TLm（mg/L）（48h）：青鳟鱼1.5；鲤鱼3.2。

对映体性质差异　未见报道。

用途　除有较高的杀虫活性外，对红蜘蛛亦有效。

登记信息　在中国、美国、韩国、澳大利亚、巴西、印度、加拿大等国家未登记，欧盟未批准。

溴氰菊酯（deltamethrin）

$C_{22}H_{19}Br_2NO_3$，505.2，52918-63-5

化学名称　（RS）-α-氰基-3-苯氧基苄基-（1RS,3RS）-3-（2,2-二溴乙烯基）-2,2-二甲基环丙烷羧酸酯。

手性特征　具有三个手性碳，含有四对对映体。

理化性质 纯品为白色斜方形针状晶体，原药为无气味白色粉末，熔点100～102℃，蒸气压 $1.24×10^{-5}$ mPa（25℃），相对密度 0.55（25℃），在20℃水中溶解度小于 $0.2μg/L$（25℃），溶于丙酮及二甲苯等，在碱性介质中不稳定。在阳光下消失缓慢，有较长的残留期。

毒性 急性经口 LD_{50}（mg/kg）：大白鼠 135～5000，狗大于 300。急性经皮 LD_{50}（mg/kg）：大鼠和兔大于 2000。对兔皮肤无刺激，对眼睛有中等刺激。

对映体性质差异 未见报道。

用途 适用于防治棉花、水稻、果树、蔬菜、旱粮、茶和烟草等作物的多种害虫，尤其是对鳞翅目幼虫，对某些卫生害虫有特效，但对螨类无效。用于防治小麦害虫（25g/L 乳油 10～15mL/亩，喷雾）；油菜、玉米蚜虫、茶树害虫（10～20mL/亩，喷雾）；大豆食心虫（16～24mL/亩，喷雾）；烟青虫、花生蚜虫、谷子黏虫（20～24mL/亩，喷雾）；花生棉铃虫（25～30mL/亩，喷雾）；荒地飞蝗（28～32mL/亩，喷雾）；棉花、大白菜害虫（20～40mL/亩，喷雾）。还可用于防治玉米螟（20～28mL/亩，拌毒砂或毒土撒喇叭口）；柑橘和苹果害虫、梨小食心虫（25g/L 乳油稀释 2500～5000 倍液，喷雾）；荔枝蝽象（稀释 3000～5000 倍液，喷雾）；森林松毛虫（稀释 3571～6250 倍液，喷雾；或稀释 1250～2500 倍液喷雾或涂药环使用）。

农药剂型 2.5%、25g/L、50g/L 乳油，2.5% 微乳剂，2.5% 水乳剂，2.5%、25g/L 悬浮剂，0.006% 粉剂，5% 可湿性粉剂，0.5% 杀蟑笔剂，0.05%、0.06% 饵剂等；混剂有 15% 溴氰·噻虫啉可分散油悬浮剂，12% 溴氰·噻虫嗪悬浮剂，20% 溴氰·吡虫啉悬浮剂，1.5% 阿维·溴氰乳油，25% 溴氰·辛硫磷乳油，20% 溴氰·敌敌畏乳油，10% 溴氰·毒死蜱乳油，16% 溴氰·氧乐果乳油，3% 溴氰·甲维盐微乳剂，2% 溴氰·甲嘧磷粉剂，1.8% 阿维·溴氰可湿性粉剂，1.01% 溴氰·杀螟松微胶囊粉剂，0.07%、0.18%、0.45% 杀虫粉剂，0.16%、0.21%、0.44%、1.17% 杀虫气雾剂等。

登记信息 在中国、美国、加拿大、印度、韩国、澳大利亚等国家登记，巴西等国家未登记，欧盟批准。

蚜灭磷（vamidothion）

$C_8H_{18}NO_4PS_2$，287.3，2275-23-2

化学名称 O,O-二甲基-S-[2-(1-甲氨基甲酰乙硫基)乙基]硫代磷酸酯。

手性特征 具有一个手性碳，含有一对对映体。

理化性质 纯品为无色针状结晶体，熔点为 43℃。工业品为白色蜡状固体，熔点约 40℃。20℃时的蒸气压很小，易溶于水（在水中溶解度 4kg/L）和大多数有机溶剂，但不溶于石油醚和环己烷。

毒性 急性口服 LD_{50}（mg/kg）：雄大鼠 100～105，雌大鼠 64～77，小鼠 34～37。急性经皮 LD_{50}（mg/kg）：小鼠 1460，兔 1160。蚜灭多的亚砜的口服毒性（mg/kg）：雄大鼠 160，小鼠 80。急性吸入 LC_{50}（mg/L 空气）(4h)：大鼠 1.73。LC_{50}（mg/L）(96h)：斑马鱼 590。对蜜蜂有毒。EC_{50}（mg/L）(48h)：水蚤 0.19。有致突变性。

对映体性质差异 未见报道。

用途 内吸性杀虫剂，用于防治各种蚜、螨、稻飞虱、叶蝉等。对苹果绵蚜特别有效。在植物中能代谢成亚砜物质，其生物活性类似于蚜灭多，但有较长的残效期。用于防治苹果绵蚜时，使用 40％乳油稀释 1000～1500 倍喷雾。

农药剂型 40％乳油。

登记信息 在中国、美国、韩国、澳大利亚、巴西、印度、加拿大等国家未登记，欧盟未批准。

氧化氯丹（oxy-chlordane）

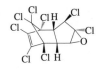

$C_{10}H_4Cl_8O$，423.76，27304-13-8

化学名称 $1\alpha,2\beta,4\beta,5,6,7\beta,8,8$-八氯-$2,3\alpha$-环氧-$3\alpha,4,7,7\alpha$-四氢-$4,7$-叉甲基茚。

手性特征 含有一对对映体。

对映体性质差异 未见报道。

用途 氯丹氧化产物，未作产品生产使用。

登记信息 已被列入 POPs 公约，全球禁限用。

伊比磷（O-(2,4-dichlorophenyl)-o-ethyl-thionobenzenephosphonate）

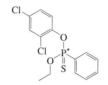

C$_{14}$H$_{13}$Cl$_2$O$_2$PS，347.2，3792-59-4

化学名称 O-乙基-O-(2,4-二氯苯基)苯基硫代磷酸酯。

其他名称 氯苯磷。

手性特征 具有一个手性磷中心，含有一对对映体。

理化性质 淡黄色油状物；沸点为 206℃（0.667kPa）、200℃（0.51kPa）和 175℃（5.33Pa）；相对密度 1.294（20℃）；不溶于水，溶于有机溶剂；在碱性介质中分解；工业品纯度约 90%，无腐蚀性。

毒性 急性口服 LD$_{50}$（mg/kg）：小鼠 274.5。急性皮下注射 LD$_{50}$（mg/kg）：小鼠 783.5。

对映体性质差异 未见报道。

用途 伊比磷主要用于防治土壤害虫，如种蝇、跳甲、地老虎、葱根瘿螨等。

登记信息 在中国、美国、韩国、澳大利亚、巴西、印度、加拿大等国家未登记，欧盟未批准。

乙虫腈（ethiprole）

C$_{13}$H$_9$Cl$_2$F$_3$N$_4$OS，397.2，181587-01-9

化学名称 5-氨基-1-(2,6-二氯-4-三氟甲基苯基)-4-乙基亚磺酰基吡唑-3-腈。

手性特征 具有一个手性硫中心，含有一对对映体。

理化性质 纯品外观为白色无特殊气味晶体粉末；蒸气压（25℃）9.1×10⁻⁸Pa；水中溶解度（20℃）为9.2mg/L；正辛醇-水分配系数 $\lg K_{OW}=2.9$（20℃）；中性和酸性条件下稳定。在有机溶剂中的溶解度（g/L）（20℃）：丙酮中90.7、甲醇中47.2、乙腈中24.5、乙酸乙酯中24.0、二氯甲烷中19.9、正辛醇中2.4、甲苯中1.0、正庚烷中0.004。

毒性 急性经口 LD_{50}（mg/kg）：大鼠＞7080。急性经皮 LD_{50}（mg/kg）：大鼠＞2000。急性吸入 LC_{50}（mg/L）：大鼠＞5.21。对兔皮肤和眼睛为无刺激性；豚鼠皮肤变态反应（致敏性）试验结果表明无致敏性。大鼠90d亚慢性喂养毒性试验最大无作用剂量：雄性大鼠为1.2mg/(kg·天)，雌性大鼠为1.5mg/(kg·天)；Ames试验、小鼠骨髓细胞微核试验、体外哺乳动物细胞基因突变试验、体外哺乳动物细胞染色体畸变试验等4项致突变试验结果均为阴性，未见致突变作用。

对映体性质差异 未见报道。

用途 苯吡唑类广谱杀虫剂。用于防治水稻稻飞虱（100g/L悬浮剂30～40mL/亩，喷雾使用）。

农药剂型 9.7%、100g/L悬浮剂；混剂有30%乙虫·毒死蜱悬浮剂，60%乙虫·异丙威可湿性粉剂。

登记信息 在中国、美国、印度等国家登记，韩国、澳大利亚、巴西、加拿大等国家未登记，欧盟未批准。

乙基稻丰散（phenthoate ethyl）

C₁₄H₂₁O₄PS₂，384.4，14211-00-8

化学名称 O,O-二乙基-S-(乙氧基羰基苄基)二硫代磷酸酯。

手性特征 具有一个手性碳，含有一对对映体。

理化性质 纯品在常温下为无色透明油状液体。工业品为黄色油状液体，具有辛辣刺激臭味。不溶于水易溶于乙醇、丙酮、苯等溶剂。在酸性和中性条件下稳定，遇碱性物质易分解失效。

毒性 口服致死中量（mg/kg）：小白鼠100～160。对人畜毒性高于稻丰散。

对映体性质差异 未见报道。

用途 为触杀和胃毒作用的杀虫剂，作用速度快，残效期短。适用于防治棉花、水稻、果树、豆类和蔬菜上的多种害虫。

登记信息 在中国、美国、韩国、澳大利亚、巴西、印度、加拿大等国家未登记，欧盟未批准。

乙螨唑（etoxazole）

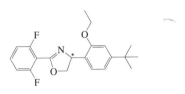

$C_{21}H_{23}F_2NO_2$，359.4，153233-91-1

化学名称 （RS）-5-叔丁基-2-[2-(2,6-二氟苯基)-4,5-二氢-1,3-噁唑-4-基]苯乙醚。

手性特征 具有一个手性碳，含有一对对映体。

理化性质 纯品为白色粉末；熔点 $101\sim102℃$；相对密度 1.24（20℃）；蒸气压 $2.18×10^{-6}Pa$（25℃）；正辛醇-水分配系数 $\lg K_{OW}=5.59$（25℃）；溶解度（g/L）(20℃)：水 $7.54×10^{-5}$、甲醇 90、乙醇 90、丙酮 300、环己酮 500、乙酸乙酯 250、二甲苯 250、正己烷 13、乙腈 80、四氢呋喃 750。在 50℃下贮存 50d 不分解，对碱稳定。

毒性 急性经口 LD_{50}（mg/kg）：大鼠＞5000，小鼠＞5000。急性经皮 LD_{50}（mg/kg）：大鼠（雄、雌）＞2000。急性吸入 LC_{50}（mg/L）(4h)：大鼠（雄、雌）＞1.09。对兔眼睛和皮肤无刺激。无致突变性。LD_{50}（mg/kg）：鹌鹑＞5200，麻鸭＞2000；LC_{50} 虹鳟＞40mg/L（48h），蜜蜂＞200μg/只。EC_{50}（mg/L)(48h)：水蚤＞40。

对映体性质差异 S 体对荨麻叶螨和朱砂叶螨的杀螨活性比 R 体分别高 16 倍和 24 倍；S 体对水蚤的急性毒性比 R 体高 8.7 倍；R 体对斑马鱼的急性毒性比 S 体高 4.5 倍[35]。R 体对 MCF-7 细胞的细胞毒性和氧化压力均大于 S 体[36]。

用途 触杀型杀螨剂。抑制螨和蚜虫的蜕皮。对多种叶螨的卵、幼虫、若虫有卓效，对成螨无效。用于防治苹果树、柑橘树红蜘蛛（14.7~22mg/kg，喷雾使用）。

农药剂型 20%、30%、110g/L 悬浮剂；混剂有 18%、20%阿维·乙螨唑悬浮剂，45%螺虫·乙螨唑悬浮剂，30%乙螨·三唑锡悬浮剂，45%联肼·乙螨唑悬浮剂，40%哒螨·乙螨唑悬浮剂，60%联肼·乙螨唑水分散粒剂等。

登记信息 在中国、美国、加拿大、印度、澳大利亚等国家登记，韩国、巴西等国家未登记，欧盟批准。

乙氰菊酯（cycloprothrin）

$C_{26}H_{21}Cl_2NO_4$，482.4，63935-38-6

化学名称 (1RS,3RS)-3-(4-乙氧苯基)-2,2-二氯环丙烷羧酸-α-氰基-3-苯氧基苄基酯。

手性特征 具有三个手性碳，含有四对对映体。

理化性质 无色黏稠液体，熔点 1.8℃，沸点 140～145℃（0.001mmHg），蒸气压 3.11×10^{-2} mPa（80℃），相对密度 1.3419（25℃），在 25℃水中溶解度 0.091mg/L，易溶于大多数有机溶剂，微溶于脂族烃类，对光、酸、热稳定，在碱性溶液中不稳定。

毒性 急性经口 LD_{50}（mg/kg）：大鼠和小鼠大于 5000。急性经皮 LD_{50}（mg/kg）：大鼠大于 2000。对皮肤和眼睛无刺激性。无致畸、致癌、致突变作用。

对映体性质差异 未见报道。

用途 用于防治斜纹夜蛾、二化螟、稻象甲、黑尾叶蝉、小菜蛾、桃蚜、稻根象等多种害虫，具有触杀活性，无胃毒作用，能抑制产卵。用于防治水稻螟虫、叶蝉、稻象甲、蚜虫等。

登记信息 在中国、美国、韩国、澳大利亚、巴西、印度、加拿大等国家未登记，欧盟未批准。

乙酰甲胺磷（acephate）

$C_4H_{10}NO_3PS$，183.2，30560-19-1

化学名称 O,S-二甲基-N-乙酰基硫代磷酰胺。

其他名称 高灭磷；益土磷。

手性特征 具有一个手性磷，含有一对对映体。

理化性质 纯品为白色结晶，熔点 88～90℃，工业品为无色固体，熔点 82～89℃，相对密度 1.350，蒸气压 0.226mPa（24℃）。易溶于水、甲醇、丙酮等极性溶剂和二氯甲烷、二氯乙烷等卤代烷烃中，在苯、甲苯、二甲苯中溶解度较小，在醚中溶解度更小。20℃时在水中的溶解度为 790g/L。在酸性介质中稳定，在低温贮藏下稳定，但在高温或碱性介质中易分解。

毒性 急性经口 LD_{50} 雄性大白鼠 945，雌性大白鼠 866，小白鼠 361。急性经皮 LD_{50}（mg/kg）：兔大于 2000。对豚鼠进行皮肤试验，未观察到刺激性和过敏性；在饲料中掺入 100mg/kg 乙酰甲胺磷，对狗进行两年的饲喂试验，除对胆碱酯酶活性有所降低外，对狗无显著影响。急性经口毒性 LD_{50}（mg/kg）：雄野鸭 350，小鸡 852，野鸡 140。

对映体性质差异 对蝇和蟑螂代谢 R-（+）体大于 S-（－）体；杀虫活性 R-（+）大于 S-（－）；对大型溞毒性 R-（+）大于 S-（－）；对乙酰胆碱酯酶抑制 S-（－）大于 R-（+）[37,38]。

用途 有机磷内吸杀虫、杀螨剂，对害虫具有触杀、胃毒作用，用于防治果树、蔬菜、稻、麦、棉等作物上的害虫。用于防治棉花棉铃虫、棉花蚜虫，用药量 30% 乳油 100～200mL/亩；水稻螟虫、水稻叶蝉，125～225mL/亩；玉米玉米螟、玉米黏虫，120～240mL/亩喷雾使用。禁止在蔬菜、瓜果、茶叶、菌类和中草药材上使用。

农药剂型 20%、30%、40% 乳油，75%、92%、95% 可溶粉剂，90%、92%、95% 可溶粒剂，97% 水分散粒剂，1%、1.5%、2.5%、3% 饵剂；混剂有 0.17% 高氯·乙酰甲粉剂，18.6% 拌·福·乙酰甲悬浮种衣剂，50% 矿物油·乙酰甲乳油，25% 敌百·乙酰甲乳油。

登记信息 在中国、美国、澳大利亚、加拿大、印度、南非等国家登记，韩国、巴西等国家未登记，欧盟未批准。

异艾氏剂（isodrin）

$C_{12}H_8Cl_6$，364.9，465-73-6

化学名称 1,2,3,4,10,10-六氯-1,4,4α,5,8,8α-六氢-1,4-桥-5,8-桥-二甲撑萘。

手性特征 含有一对对映体。

理化性质 白色结晶，熔点 240～242℃，不溶于水，溶于有机溶剂。对酸、碱稳定。

毒性 口服致死剂量（mg/kg）：大鼠 12～17。

对映体性质差异 未见报道。

用途 对菜粉蝶、甘蓝夜蛾、鳞翅目昆虫等有效。

登记信息 WHO 规定停用农药之一，全球禁限用。

异狄氏剂（endrin）

$C_{12}H_8Cl_6O$，380.91，72-20-8

化学名称 1,2,3,4,10,10-六氯-6,7-环氧-1,4,4a,5,6,7,8,8a-八氢-1,4-挂-5,8-挂-二甲撑萘。

其他名称 安特灵。

手性特征 含有一对对映体。

理化性质 白色晶体，熔点 245℃。相对密度（25℃）为 1.65，蒸气压（25℃）为 $0.266×10^{-7}$ kPa，不溶于水，难溶于醇、石油烃，溶于苯、二甲苯有机溶剂。

毒性 剧毒，急性口服 LD_{50}（mg/kg）：大鼠 3；小鼠 1.37。

对映体性质差异 未见报道。

用途 异狄氏剂为有机氯杀虫剂，是一种叶面杀虫剂，可防治多种害虫，特别是鳞翅目。在棉花、玉米、甘蔗、旱稻等作物上用药量为 0.2～0.5kg/hm²。

登记信息 已被列入 POPs 公约，全球禁限用。

异柳磷（isofenphos）

$C_{15}H_{24}NO_4PS$，345.4，25311-71-1

化学名称　N-异丙基-O-乙基-O-[(2-异丙氧基羰基)苯基]硫代磷酰胺酯。

其他名称　丙胺磷。

手性特征　具有一个手性磷，含有一对对映体。

理化性质　无色油状液体，工业品有独特的气味。蒸气压 0.22mPa（20℃）。相对密度为 1.131（20℃）。溶解度（20℃）：在水中 18mg/L，在三氯甲烷、己烷、二氯甲烷、甲苯中＞200g/L。水解 DT_{50} 为 2.8 年（pH4），＞1 年（pH7），＞1 年（pH9）（22℃）。在自然光照下光解不快。闪点＞115℃（工业品）。

毒性　急性经口 LD_{50}（mg/kg）：大鼠 20，小鼠 125。急性经皮 LD_{50}（mg/kg）：大鼠 70。对兔皮肤和眼睛有轻微刺激。对人的 ADI 为 0.001mg/kg。急性经口 LD_{50}（mg/kg）：鹌鹑 8.7，野鸭 32～36。鱼毒 LC_{50}（mg/L）（96h）：金色圆腹雅罗鱼 6.49，蓝鳃太阳鱼 2.2，虹鳟 3.3。对蜜蜂有毒。

对映体性质差异　未见报道。

用途　可有效地防治金针虫、土蚕、蛴螬、地老虎等多种主要地下害虫；对水稻螟虫、飞虱、叶蝉等也有一定的防效作用。兼有防治线虫的作用。用于防治稻螟、叶蝉、蚜虫、红蜘蛛、金针虫、蛴螬、根蛆等。

农药剂型　10%、25%乳油；25%颗粒剂；干拌种剂。

登记信息　在中国、美国、韩国、澳大利亚、巴西、印度、加拿大等国家未登记，欧盟未批准。

异马拉硫磷（iso-malathion）

$C_{10}H_{19}O_6PS_2$，330.4，3344-12-5

化学名称　S-1,2-双(乙氧基羰基)-乙基-O,S-二甲基二硫代磷酸酯。

其他名称　异甲基硫。

手性特征　具有一个手性磷，一个手性碳，含有两对对映体。

对映体性质差异　异马拉硫磷对映体对酸性 α-醋酸萘酯酶的抑制能力为 (1R,3R)＞(1R,3S)＞(1S,3R)＞(1S,3S)[18]。

登记信息　在韩国、加拿大登记，中国、美国、澳大利亚、巴西、印度等国家未登记，欧盟未批准。

异亚砜磷（oxydeprofos）

$C_7H_{17}O_4PS_2$，260.31，2674-91-1

化学名称　S-(2-乙基亚硫酰基-1-甲基乙基)-O,O-二甲基硫代磷酸酯。

其他名称　异砜磷。

手性特征　具有一个手性碳，含有一对对映体。

理化性质　黄色无味油状液体，沸点 115℃（2.67Pa），蒸气压 0.627mPa（20℃），可溶于水、氯化烃、乙醇和酮类，稍溶于石油醚，容易氧化为砜，对碱不稳定。

毒性　急性口服 LD_{50} 大白鼠 103，雄小白鼠 264。腹腔注射 LD_{50}（mg/kg）：大白鼠 50，豚鼠 100。大鼠每天摄入 10mg/kg，50d 不影响其生长。TLm（mg/L）（48h）：鲤鱼＞40。

对映体性质差异　未见报道。

用途　内吸性有机磷杀虫、杀螨剂，并有触杀作用。防治果树害虫如柑橘介壳虫、锈壁虱、恶性叶虫、花蕾蛆、潜叶蛾、红蜘蛛、黄蜘蛛等，对苹果、梨、桃、梅、葡萄、茶树等的蚜虫类、螨类、叶蝉类、梨茎蜂，以及十字花科蔬菜、瓜类等蚜虫、菜白蝶、黄守瓜防治均有效。防治虫螨，用药量 25g/100L。

登记信息　在韩国登记，中国、美国、澳大利亚、巴西、印度、加拿大等国家未登记，欧盟未批准。

茚虫威（indoxacarb）

$C_{22}H_{17}ClF_3N_3O_7$，527.83，144171-61-9

化学名称 (S)-N-[7-氯-2,3,4a,5-四氢-4a-(甲氧基羰基)茚并[1,2-e][1,3,4]噁二嗪-2-羰基]-4′-(三氟甲氧基)苯氨基甲酸甲酯。

其他名称 安打。

手性特征 具有一个手性碳，含有一对对映体。

理化性质 熔点88.1℃；蒸气压：$<10^{-5}$ Pa（20～25℃）；相对密度1.03（20℃）；水中溶解度（20℃）<0.5 mg/L；其他溶剂中溶解度（g/L）：甲醇0.39、乙腈76、丙酮140。水溶液稳定性$DT_{50}>30$ d（pH=5）、30 d（pH=7）、约2 d（pH=9）。

毒性 急性经口LD_{50}（mg/kg）：大鼠1867（雄）、大鼠687（雌）；急性经皮LD_{50}（mg/kg）：大鼠大于5000。无致癌、致畸和致突变作用。

对映体性质差异 （一）-R-茚虫威对斑马鱼胚胎的发育毒性是（＋）-S-茚虫威的1.3倍，（一）-R-茚虫威会诱导斑马鱼心脏区域的细胞凋亡，而（＋）-S-茚虫威会诱导头部的细胞凋亡[39]。

用途 适用于防治甘蓝、花椰类、芥蓝、番茄、辣椒、黄瓜等作物上的甜菜夜蛾、小菜蛾、菜青虫、斜纹夜蛾、甘蓝夜蛾、棉铃虫、烟青虫、卷叶蛾类、苹果蠹蛾、叶蝉、金刚钻、马铃薯甲虫。用于防治草地贪夜蛾、茶小绿叶蝉（37.5～50g/hm²，喷雾）、棉花棉铃虫（33.75～40.5g/hm²，喷雾）、十字花科蔬菜菜青虫（11.25～22.5g/hm²，喷雾）、十字花科蔬菜甜菜夜蛾、小菜蛾（22.5～40.5g/hm²，喷雾）。

农药剂型 71％母药，15％、23％、30％、150g/L悬浮剂，30％水分散粒剂，20％乳油，4％微乳剂，3％超低容量液剂，0.045％～0.5％饵剂等；混剂有9.8％甲维·茚虫威可分散油悬浮剂，42％丁醚·茚虫威悬浮剂，35％甲氧·茚虫威悬浮剂，9％甲维·茚虫威悬浮剂，15％多杀·茚虫威悬浮剂，12％甲维·茚虫威水乳剂，18％甲维·茚虫威可湿性粉剂，6％甲维·茚虫威超低容量液剂，16％虫肼·茚虫威乳油，6％阿维·茚虫威微乳剂等。

登记信息 在中国、美国、韩国、澳大利亚等国家登记，巴西、印度、加拿大等国家未登记，欧盟批准。

右旋烯炔菊酯（empenthrin）

$C_{18}H_{26}O_2$，274.4，54406-48-3

化学名称 (1RS,3RS)-菊酸-(1RS)-1-乙炔基-2-甲基戊烯-2-醇酯。

其他名称 烯炔菊酯。

手性特征 具有三个手性碳，含有四对对映体。

理化性质 外观为黄色油状液体，沸点 130～133℃（133.33Pa），相对密度 0.927（20℃），蒸气压 0.209Pa（25℃），能溶于丙酮、乙醇、二甲苯等有机溶剂中，不溶于水。正常条件下可贮存 2 年以上。

毒性 急性经口 LD_{50}（mg/kg）：雄性小白鼠大于 3000，雌性小白鼠大于 5000。急性经皮 LD_{50}（mg/kg）：小鼠大于 5000。吸入毒性 LD_{50}（g/m³）：小鼠大于 20。

对映体性质差异 未见报道。

用途 可防治谷蛾科和皮蠹科等害虫，在图书馆、标本室、博物馆等室内使用，可以保护书籍、文物、标本等不受害虫侵害。用于防治蚊、蝇、蠹虫，投放。

农药剂型 $65mg/m^2$ 防虫罩，60～1040mg/片防蛀片剂；可与右旋苯醚菊酯制成混剂。

登记信息 在中国、日本等国家登记，美国、韩国、澳大利亚、巴西、印度、加拿大等国家未登记，欧盟未批准。1993 年最先在日本登记。

育畜磷（crufomate）

$C_{12}H_{19}ClNO_3P$, 291.7, 299-86-5

化学名称 4-叔丁基-2-氯苯基甲基甲基氨基磷酸酯。

手性特征 具有一个手性磷，含有一对对映体。

理化性质 白色结晶，熔点 60℃，沸点：333.2℃（760mmHg）。不溶于水和石油醚，但易溶于丙酮、乙腈、苯和四氯化碳。在 pH7.0 或低于 7.0 时稳定，但在强酸介质中不稳定，不能与碱性农药混用。

毒性 急性口服 LD_{50}（mg/kg）：雄大鼠 950，雌大鼠 770，兔 400～600。在体内脂肪中无积累，对野生动物无危险。

对映体性质差异 未见报道。

用途 内吸性的杀虫剂和驱虫药。主要用于处理家畜，以防皮蝇、体外寄生虫和肠虫。不能用于作物保护。

登记信息 WHO 规定停用农药之一，全球禁限用。

仲丁威（fenobucarb）

$C_{12}H_{17}NO_2$，207.3，3766-81-2

化学名称 (RS)-2-仲丁基苯基甲基氨基甲酸酯。

其他名称 巴沙；丁苯威；卡比马唑；甲亢平；新麦咔唑；扑杀威。

手性特征 仲丁威具有一个手性碳，含有一对对映体。

理化性质 纯品为无色晶体；熔点为 31～32℃；熔点 26.5～31℃；沸点 106～110℃（1.33Pa）；相对密度 1.050（29℃）；30℃水中溶解度 660mg/L，易溶于丙酮（2000g/L）、苯（1000g/L）、甲醇（1000g/L）。遇碱或强酸易分解，弱酸介质中稳定。闪点 142℃。

毒性 急性经口 LD_{50}（mg/kg）：雄大鼠 623、雌大鼠 657、雄小鼠 340。急性经皮 LD_{50}（mg/kg）：大白鼠 500、小白鼠 4200。TLm（mg/kg）(48h)：鲤鱼 12.6。对人、畜毒性较低。ADI 为 0.006mg/kg。

对映体性质差异 未见报道。

用途 氨基甲酸酯类杀虫剂，具强烈的触杀作用，并具一定胃毒、熏蒸和杀卵作用，主要用于防治刺吸式口器害虫，如蚜虫、飞虱、叶蝉、蜻象、螟虫等。用于防治水稻飞虱、叶蝉（25％乳油，1.5～2.25kg/hm²，喷雾使用）。

农药剂型 20％微乳剂，20％、25％、50％、80％乳油；混剂有 30％啶虫·仲丁威乳油，16％丁硫·仲丁威乳油，10％、20％、40％吡虫·仲丁威乳油，25％噻嗪·仲丁威乳油，2.5％溴氰·仲丁威乳油，25％唑磷·仲丁威乳油，21％甲维·仲丁威微乳剂，36％吡蚜·仲丁威悬浮剂等。

登记信息 在中国、印度等国家登记，美国、韩国、澳大利亚、巴西、加拿大等国家未登记，欧盟未批准。

参考文献

[1] 康卓，等. 现代农药手册. 北京：化学工业出版社，2018.

[2] Zhuang S，Zhang Z，Zhang W，et al. Enantioselective developmental toxicity and immuno-

toxicity of pyraclofos toward zebrafish（Danio rerio）-ScienceDirect. Aquatic Toxicology，2015，159：119-126.

[3] Lu X，Yu C. Enantiomer-specific profenofos-induced cytotoxicity and DNA damage mediated by oxidative stress in rat adrenal pheochromocytoma（PC12）cells. Journal of Applied Toxicology，2013，34（2）：166-175.

[4] Ohkawa H，Mikami N，Okuno Y，et al. Stereospecificity in toxicity of the optical isomers of EPN. Bulletin of Environmental Contamination & Toxicology，1977，18（5）：534.

[5] Ueji M，Tomizawa C. Insect Toxicity and Anti-acetyicholinesterase Activity of Chiral Isomers of Isofenphos and Its Oxon. Journal of Pesticide Science，1986，11（3）：447-451.

[6] Lee P W，Allahyari R，Fukuto T R. Studies on the chiral isomers of fonofos and fonofos oxon：I. Toxicity and antiesterase activities. Pesticide Biochemistry and Physiology，1978，8：146-157.

[7] Liu W，Gan J，Schlenk，et al. Enantioselectivity in environmental safety of current chiral insecticides. Proceedings of the National Academy of Sciences of the United States of America，2005.

[8] Tian M，Zhang Q，Hua X，et al. Systemic stereoselectivity study of flufiprole：Stereoselective bioactivity，acute toxicity and environmental fate. Journal of Hazardous Materials，2016，320：487-494.

[9] Jia Q，Xu N N，Mu P Q，et al. Stereoselective separation and acute toxicity of tau-fluvalinate to zebrafish [J]. Journal of Chemistry，2015，2015：5.

[10] Chen Z，Yao X，Dong F，et al. Ecological toxicity reduction of dinotefuran to honeybee：New perspective from an enantiomeric level. Environment International，2019，130.

[11] Liu T，Chen D，Li Y，et al. Enantioselective bioaccumulation and toxicity of the neonicotinoid insecticide dinotefuran in earthworms（Eisenia fetida）. Journal of Agricultural and Food Chemistry，2018，66（17）：4531-4540.

[12] Qin F，Gao Y，Xu P，et al. Enantioselective bioaccumulation and toxic effects of fipronil in the earthworm Eisenia foetida following soil exposure. Pest Management Science，2015，71（4）.

[13] Qu H，Ma R，Liu D，et al. Enantioselective toxicity and degradation of the chiral insecticide fipronil in scenedesmus obliguus suspension system. Environmental toxicology and chemistry，2014，33（11）：2516-2521.

[14] Qu H，Ma R，Liu D，et al. Environmental behavior of the chiral insecticide fipronil：Enantioselective toxicity，distribution and transformation in aquatic ecosystem. Water research，2016，105：138-146.

[15] Baird S，Garrison A，Jones J，et al. Enantioselective toxicity and bioaccumulation of fipronil in fathead minnows（Pimephales promelas）following water and sediment exposures. Environmental Toxicology & Chemistry，2013，32（1）：222-227.

[16] Qian Y，Wang C，Wang J，et al. Fipronil-induced enantioselective developmental toxicity to zebrafish embryo-larvae involves changes in DNA methylation. Scientific Reports，2017，7（1）：2284.

[17] Qian Y，Ji C，Yue S，et al. Exposure of low-dose fipronil enantioselectively induced anxi-

ety-like behavior associated with DNA methylation changes in embryonic and larval ze-brafish. Environmental Pollution，2019，249（JUN）：362-371

[18] Zhang A，Sun J，Lin C，et al. Enantioselective interaction of acid α-naphthyl acetate esterase with chiral organophosphorus insecticides. Journal of Agricultural and Food Chemistry，2014，62（7）：1477-1481.

[19] Jin Y，Pan X，Cao L，et al. Embryonic exposure to cis-bifenthrin enantioselectively induces the transcription of genes related to oxidative stress，apoptosis and immunotoxicity in zebrafish（Danio rerio）. Fish & Shellfish Immunology，2013，34（2）：717-723.

[20] Lu X. Enantioselective effect of bifenthrin on antioxidant enzyme gene expression and stress protein response in PC12 cells. Journal of Applied Toxicology，2013，33（7）：586-592.

[21] Jin Y，Wang J，Pan X，et al. cis-Bifenthrin enantioselectively induces hepatic oxidative stress in mice. Pesticide Biochemistry and Physiology，2013，107（1）：61-67.

[22] Jin Y，Wang J，Pan X，et al. Enantioselective disruption of the endocrine system by Cis-Bifenthrin in the male mice. Environmental Toxicology，2014.

[23] Jin Y，Wang J，Sun X，et al. Exposure of maternal mice to cis-bifenthrin enantioselectively disrupts the transcription of genes related to testosterone synthesis in male offspring. Reproductive Toxicology，2013，42：156-163.

[24] Zhang W，Chen L，Diao J，et al. Effects of cis-bifenthrin enantiomers on the growth，behavioral，biomarkers of oxidative damage and bioaccumulation in Xenopus laevis. Aquatic Toxicology，2019，214：105237.

[25] Xu P，Huang L. Effects of α-cypermethrin enantiomers on the growth，biochemical parameters and bioaccumulation in Rana nigromaculata tadpoles of the anuran amphibians. Ecotoxicology Environmental Safety，2017，139（MAY）：431-438.

[26] 周炳，赵美蓉，张安平，等.马拉硫磷对映体对人成神经细胞瘤细胞生长影响的选择性差异.农药学学报，2007（03）：263-268.

[27] 周炳.马拉硫磷等手性农药的神经及发育毒性研究.浙江工业大学，2008.

[28] Wang C，Li Z，Zhang Q. et al. Enantioselective induction of cytotoxicity by o，p'-DDD in PC12 cells：implications of chirality in risk assessment of POPs metabolites. Environmental Science & Technology，2013，47：3909-3917

[29] Lin K，Zhang F，Zhou S，et al. Stereoisomeric separation and toxicity of the nematicide fosthiazate. Environmental Toxicology and Chemistry，2007.

[30] 杨光富，袁继伟.合成农用化学品的手性——生物活性及安全性的思考.世界农药，1999，021（002）：1-12.

[31] Zhou S，Lin K，Li L，et al. Separation and toxicity of salithion enantiomers. Chirality，2010，21.

[32] Tao S，Cang P，Wang Z. et al. Comprehensive study of isocarbophos to various terrestrial organisms：enantioselective bioactivity，acute toxicity，and environmental behaviors. Journal of Agricultural and Food Chemistry，2019，67（40）：10997-11004.

[33] Lin K，Liu W，Li L，et al. Single and joint acute toxicity of isocarbophos enantiomers to daphnia magna. Journal of Agricultural and Food Chemistry，2008，56（11）：4273.

［34］ Di S，Cang T，Qi P，et al. A systemic study of enantioselectivity of isocarbophos in rice cultivation：Enantioselective bioactivity，toxicity，and environmental fate. Journal of Hazardous Materials，2019，375，305-311.

［35］ Chang W，Nie J，Yan Z，et al. Systemic stereoselectivity study of etoxazole：stereoselective bioactivity，acute toxicity，and environmental Behavior in Fruits and Soils. Journal of Agricultural and Food Chemistry，2019，67（24）.

［36］ Sun D，Pang J，Fang Q，et al. Stereoselective toxicity of etoxazole to MCF-7 cells and its dissipation behavior in citrus and soil. Environmental Science & Pollution Research，2016，23（24）：1-8.

［37］ Lin K，Zhou S，Xu C，et al. Enantiomeric resolution and biotoxicity of methamidophos. Journal of Agricultural and Food Chemistry，2006，54（21）：8134.

［38］ Armstrong D J，Fukuto T R. Synthesis，resolution and toxicological properties of the chiral isomers of O，S-dimethyl and diethyl ethylphosphonothioate. Journal of Agricultural and Food Chemistry，1987，35（4）：500-503.

［39］ Fan Y，Feng Q，Lai K，et al. Toxic effects of indoxacarb enantiomers on the embryonic development and induction of apoptosis in zebrafish larvae（Danio rerio）. Environmental Toxicology，2015，32（1-2）：7-16.

第3章 手性杀鼠剂

克鼠灵（coumafuryl）

$C_{17}H_{14}O_5$，298.3，117-52-2

化学名称　3-[1-(2-呋喃基)-3-氧代丁基]-4-羟基-香豆素。

其他名称　克杀鼠。

手性特征　具有一个手性碳，含有一对对映体。

理化性质　纯品为白色粉末；熔点 121～123℃；不溶于水，能溶于甲醇和乙醇等有机溶剂。

毒性　急性经口 LD_{50}（mg/kg）：大鼠 25；小鼠 14.7。

对映体性质差异　未见报道。

用途　第一代抗凝血杀鼠剂。用于防治褐家鼠、小家鼠、屋顶鼠及大仓鼠、黑线仓鼠、黑线姬鼠等。

登记信息　在美国登记，在中国、韩国、澳大利亚、巴西、印度、加拿大等国家未登记，欧盟未批准。

氯鼠酮（chlorophacinone）

$C_{23}H_{15}ClO_3$，374.8，3691-35-8

化学名称　2-[2-(4-氯苯基)-2-苯基乙酰基]-2,4-二氢-1,3-茚二酮。

其他名称 氯敌鼠。

手性特征 具有一个手性碳，含有一对对映体。

理化性质 原药为黄色无臭结晶体；熔点为140℃；20℃时蒸气压为零；难溶于水，溶于丙酮、乙醇、乙酸乙酯；在酸性条件下不稳定。无腐蚀性。

毒性 急性经口 LD_{50}（mg/kg）：雄大鼠9.6、雌大鼠13.0、小白鼠7.2、褐家鼠0.6、黑家鼠20.5、猪>5.0。口服亚急性 LD_{50} [mg/（kg·d）]：大鼠为0.6×6d；小鼠为1.8×3d。

对映体性质差异 未见报道。

用途 第一代抗凝血广谱杀鼠剂。可防治家栖鼠类及野栖鼠类。

农药剂型 0.05%饵剂；0.2%鼠道粉。

登记信息 在美国、加拿大登记，在中国、韩国、澳大利亚、巴西、印度等国家未登记，欧盟未批准。

杀鼠灵（warfarin）

$C_{19}H_{16}O_4$，308.3，81-81-2

化学名称 3-(2-丙酮基苄基)-4-羟基香豆素。

其他名称 灭鼠灵。

手性特征 杀鼠灵具有一个手性碳，含有一对对映体。

理化性质 纯品为的色结晶粉末，工业品略带粉红色；熔点161～162℃；蒸气压 $1.5×10^{-3}$ mPa；相对密度1.40；20℃时溶解度：水0.5mg/L（pH值4.5）、丙酮100g/kg、二甲基甲酰胺>500g/kg。常态下稳定，可形成水溶性的盐。

毒性 原药急性口服 LD_{50}（mg/kg）：黑家鼠58、小家鼠374、褐家鼠186、狗200～300；急性经皮 LD_{50}（mg/kg）：大鼠33。

对映体性质差异 S型比R型对鼠毒力约大7倍。

用途 第一代抗凝血杀鼠剂，可防治褐家鼠、小家鼠、黄胸鼠、大仓鼠、黑线仓鼠、黑线姬鼠等。

农药剂型 0.05%饵剂。

使用 用于防治家鼠，室内投放毒饵，日剂量1mg/kg，持续5d，大鼠在

5～8d 内可被毒死。

登记信息 在中国、美国、加拿大、韩国、澳大利亚等国家登记，巴西、印度等国家未登记，欧盟未批准。

杀鼠醚（coumatetralyl）

$C_{19}H_{16}O_3$，292.3，5836-29-3

化学名称 4-羟基-3-（1,2,3,4-四氢-1-萘满基）香豆素。

其他名称 杀鼠萘；立克命。

手性特征 具有一个手性碳，含有一对对映体。

理化性质 纯品为黄白色结晶粉末；熔点 172～176℃；工业品熔点 166～172℃；蒸气压＜190mPa（20℃）；溶解性（20℃）：水中 pH7 为 425mg/L、二氯甲烷中为 50～100g/L，异丙醇中为 20～50g/L，微溶于苯和乙醚。遇阳光迅速分解。

毒性 原药急性经口 LD_{50}（mg/kg）：大鼠 16.5、豚鼠 250。

对映体性质差异 未见报道。

用途 为第一代抗凝血杀鼠剂，慢性、广谱、高效，适口性好，无二次中毒现象。对家栖鼠类和野栖鼠类都具有很好的防效。

农药剂型 0.038％饵剂，0.75％追踪粉剂。

使用 用于防治家鼠，10～20g 毒饵/10m² 饱和投饵。

登记信息 在中国、印度、澳大利亚登记，美国、韩国、巴西、加拿大等国家未登记，欧盟未批准。

鼠特灵（norbormide）

$C_{33}H_{25}N_3O_3$，511.6，991-42-4

化学名称 5-(α-羟基-2-吡啶基苄基)-7-(α-2-吡啶基苯亚苄基)二环［2,2,1］-庚-5-烯-2,3-二甲酰亚胺。

其他名称 鼠克星；灭鼠宁。

手性特征 具有三个手性碳，含有四对对映体。

理化性质 白至灰白色结晶粉末，熔点＞160℃，为多种异构体的混合物，室温下溶解度为：水 60mg/L、乙醇 14mg/L、三氯甲烷＞150mg/L、乙醚 1mg/L，干燥的室温下和沸水中均稳定，碱性下能被水解，无腐蚀性。

毒性 急性口服 LD_{50}（mg/kg）：黑家鼠 52、褐家鼠 11.5、小家鼠 2250。鼠中毒时会出现不可逆的血管收缩，从而四肢苍白、呼吸困难，缺氧而死。

对映体性质差异 未见报道。

登记信息 在美国登记，在中国、韩国、澳大利亚、巴西、印度、加拿大等国家未登记，欧盟未批准。

溴敌隆（bromadiolone）

$C_{30}H_{23}BrO_4$，527.4，28772-56-7

化学名称 3-{3-[4-溴-(1,1-联苯基)-4-基]-3-羟基-1-苯基丙基}-4-羟基-香豆素。

其他名称 溴敌鼠。

手性特征 具有两个手性碳，含有两对对映体。

理化性质 原药为白色至黄色粉末，熔点 200～210℃；20℃的溶解度：水 19mg/L，二甲基甲酰胺 730g/L，乙醇 8.2g/L，乙酸乙酯 25g/L。200℃以下稳定，但在高温和阳光下则不稳定，可引起降解。

毒性 原药急性经口 LD_{50}（mg/kg）：褐家鼠 0.26、小家鼠 0.99、兔 1.0。对眼睛有中度刺激作用，对皮肤无明显刺激作用。在试验剂量对动物无致畸、致突变、致癌作用。动物取食中毒死亡的老鼠后，会引起二次中毒。

对映体性质差异 未见报道。

用途 是新型高效的第二代抗凝血灭鼠剂，具有毒力强大，高效广谱、安全、不引起第二次中毒的特点。

农药剂型　0.05%饵剂。

使用　用于防治室内家鼠（1.6～2.4g 制剂/hm^2）、田间田鼠（1500～2500g 制剂/hm^2，堆施）。

登记信息　在中国、美国、加拿大、印度、澳大利亚等国家登记，韩国、巴西等国家未登记，欧盟批准。

第4章 手性杀菌剂

苯稻瘟净（inezin）

C₁₅H₁₇O₂PS，292.33，21722-85-0

化学名称 *O*-乙基-*S*-苯甲基苯基硫代磷酸酯。

其他名称 枯瘟净。

手性特征 具有一个手性磷，含有一对对映体。

理化性质 原药为淡黄色油状液体；相对密度 1.17～1.18（20℃）；沸点 152℃（3.6Pa）。溶于有机溶剂而不溶于水。

毒性 急性口服 LC₅₀（g/kg）：鼠 0.75。急性经皮 LC₅₀（g/kg）：鼠 3.9。

对映体性质差异 未见报道。

用途 有机磷杀菌剂。对稻瘟病、纹枯和稻小粒菌核病等稻病具有预防和治疗效果，但发病严重时效果较差，对作物几乎无药害。

登记信息 在中国、美国、韩国、澳大利亚、巴西、印度、加拿大等国家未登记，欧盟未批准。

苯醚甲环唑（difenoconazole）

C₁₉H₁₇Cl₂N₃O₃，406.3，119446-68-3

化学名称　（ZE）-3-氯-4-［4-甲基-2-（1H-1,2,4-三唑-1-基甲基）-1,3-二氧戊烷-2-基］苯基-4-氯苯基醚。

其他名称　敌萎丹；噁醚唑。

手性特征　具有两个手性碳，含有两对对映体。

理化性质　纯品为无色固体；熔点78.6℃；沸点220℃（4Pa）；相对密度为1.40（20℃）；蒸气压120nPa（20℃）。溶解度：水3.3mg/L（20℃），易溶于大多数有机溶剂。

毒性　急性经口 LD_{50}（mg/kg）：大鼠1453、野鸭＞2150。急性经皮 LD_{50}（mg/kg）兔＞2010。LC_{50}（mg/L）（96h）：虹鳟0.8。对兔眼睛和皮肤有刺激作用，对豚鼠无皮肤过敏。对蜜蜂无毒。

对映体性质差异　对斜生栅藻，大型溞，斑马鱼的毒性顺序（2S,4S)-体＞（2S,4R)-体＞（2R,4R)-体＞（2R,4S)-体，四种对映体的毒性差异为1.04～6.78倍[4]。

农药剂型　10％、30％、40％悬浮剂，0.3％、3％、30g/L悬浮种衣剂，10％、37％水分散粒剂，25％水乳剂，20％微乳剂，5％超低容量液剂，25％、250g/L乳油；混剂有40％苯甲·吡唑酯悬浮剂，20％苯甲·肟菌酯悬浮剂，2％苯甲·咪鲜胺种子处理悬浮剂，12％苯醚·咯·噻虫种子处理悬浮剂，32％苯甲·溴菌腈可湿性粉剂，64％苯甲·锰锌可湿性粉剂，2％苯甲·戊唑醇缓释粒剂，38％苯醚·咯·噻虫悬浮种衣剂，40％苯甲·吡唑酯乳油，300g/L苯甲·丙环唑乳油，8％苯甲·醚菌酯热雾剂等。

使用　具有内吸性，是甾醇脱甲基化抑制剂，杀菌谱广。用于防治梨树黑星病（14.3～16.7mg/kg，喷雾）、石榴麻皮病（50～100mg/kg，喷雾）、柑橘树疮痂病（50～150mg/kg，喷雾）、芦笋茎枯病、茶树炭疽病（66.7～100mg/kg，喷雾）、葡萄炭疽病（75～125mg/kg，喷雾）、荔枝树炭疽病（100～150mg/kg，喷雾）。还可以防治苹果树斑点落叶病（10％水分散粒剂，稀释1500～3000倍液，喷雾）；洋葱紫斑病、大蒜叶枯病（45～112.5g/hm²，喷雾）；芹菜斑枯病、大白菜黑斑病（52.5～67.5g/hm²，喷雾）；黄瓜白粉病、辣椒炭疽病（75～125g/hm²，喷雾）；西瓜炭疽病、菜豆锈病（75～112.5g/hm²，喷雾）；番茄早疫病（100.5～150g/hm²，喷雾）；苦瓜白粉病（105～150 g/hm²，喷雾）；芹菜叶斑病（100～125g/hm²，喷雾）。

登记信息　在中国、印度、美国、澳大利亚、加拿大登记，韩国、巴西等国家未登记，欧盟批准。

苯噻菌胺（benthiavalicarb-isopropyl）

C_{18}H_{24}FN_3O_3S，381.47，177406-68-7

化学名称　{(S)-1-[(R)-1-(6-氟苯并噻唑-2-基)-乙基氨基甲酰基]-2-甲基丙基}氨基甲酸异丙酯。

手性特征　具有两个手性碳，含有两对对映体。

理化性质　白色粉末，无味，熔点 169.2，蒸气压 3.010^{-4} Pa，正辛醇-水分配系数 $\lg K_{ow} = 2.52$。

毒性　急性经口 LD_{50}（mg/kg）：小鼠>5000、大鼠>5000、鸟（鹌和野鸭）>2000。急性经皮 LD_{50}（mg/kg）：大鼠>2000。吸入毒性 LC_{50}（mg/kg）：大鼠>4.6。鱼毒 LC_{50}（mg/L）（96h）：虹鳟>10、蓝鳃太阳鱼>10、水蚤>10。对兔皮肤及眼睛无刺激作用，对豚鼠皮肤无过敏，诱发性 Ames 试验为阴性，对大鼠和兔无致畸、致癌性。

对映体性质差异　未见报道。

用途　对疫霉病具有很好的杀菌活性，对其孢子囊的形成和孢子囊的萌发在低浓度下有很好的抑制作用，但对游动孢子的释放和游动孢子的移动没有作用。

登记信息　在美国登记，在中国、韩国、澳大利亚、巴西、印度、加拿大等国家未登记，欧盟未批准。

苯霜灵（benalaxyl）

C_{20}H_{23}NO_3，325.4，71626-11-4

化学名称　*N*-苯乙酰基-*N*-2,6-二甲苯基-DL-丙氨酸甲酯。

手性特征　苯霜灵具有一个手性碳，含有一对对映体。

理化性质　纯品为无色晶体；熔点78～80℃；蒸气压0.67mPa（20℃）；相对密度1.182（20℃）；溶解性（25℃）：水37mg/L；丙酮、三氯甲烷、二氯甲烷、二甲基甲酰胺＞500g/kg、环己酮＞400g/kg、己烷＜50g/kg、二甲苯＞300g/kg。250℃以下（氮气保护）稳定，其水溶液对日光稳定，25℃pH4～9缓冲液中稳定。在浓碱介质中水解。

毒性　急性经口LD_{50}（mg/kg）：大鼠4200、小鼠680。急性经皮LD_{50}（mg/kg）大鼠＞5000。对皮肤无刺激作用，无过敏性。无致癌、诱变、致畸作用。对蜜蜂无毒。

对映体性质差异　*R*体是活性体；对蚯蚓急性毒性*R*体大于*S*体[1]。

用途　内吸性杀菌剂，是防治卵菌纲病菌的特效药，主要用于防治霜霉菌，丝囊菌和腐霉菌等。

农药剂型　72%苯霜·锰锌可湿性粉剂，含8%苯霜灵，64%代森锰锌。

使用　用于防治黄瓜霜霉病，用药量1436.4～1803.6g/hm²，喷雾使用。

登记信息　在中国、印度、澳大利亚等国家登记，美国、韩国、巴西、加拿大等国家未登记，欧盟未批准。

苯酰菌胺（zoxamide）

$C_{14}H_{16}Cl_3NO_2$，336.64，156052-68-5

化学名称　（*RS*）-3,5-二氯-*N*-（3-氯-1-乙基-1-甲基-2-氧代丙基）对甲基苯甲酰胺。

手性特征　具有一个手性碳，含有一对对映体。

理化性质　纯品熔点159.5～160.5℃；蒸气压＜1×10⁻²mPa（45℃）；正辛醇-水分配系数$\lg K_{ow}=3.76$（20℃）；在水中的溶解度0.681mg/L（20℃）；水中的水解半衰期为15d（pH4和7）、8d（pH9），水中光解半衰期为7.8d，土壤中半衰期为2～10d。

毒性　急性经口LD_{50}（mg/kg）：大鼠＞5000、野鸭和山齿鹑＞5250。急性经皮LD_{50}（mg/kg）：大鼠＞2000。急性吸入LC_{50}（mg/L）（4h）大鼠＞5.3。

鱼毒 LC_{50} （mg/L）（96h）：鳟鱼 0.16。对兔皮肤和眼睛均无刺激作用，对豚鼠皮肤有刺激性。诱变试验（4 种试验）阴性。无致畸性（兔，大鼠），对繁殖无影响，无致癌性。

对映体性质差异 未见报道。

用途 主要用于防治卵菌纲病害如马铃薯和番茄晚疫病、黄瓜霜霉病和葡萄霜霉病等；对葡萄霜霉病有特效。

农药剂型 75％锰锌·苯酰胺水分散粒剂，含 66.7％代森锰锌与 8.3％苯酰菌胺。

使用 用于防治黄瓜霜霉病、马铃薯晚疫病，用药量 $1125\sim1687.5g/hm^2$，喷雾使用。

登记信息 在中国、美国、加拿大登记，韩国、澳大利亚、巴西、印度等国家未登记，欧盟批准。

苯锈啶（fenpropidin）

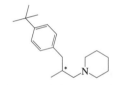

$C_{19}H_{31}N$，273.5，67306-00-7

化学名称 （RS）1-[3-(4-叔丁基苯基)-2-甲基丙基] 哌啶。

手性特征 具有一个手性碳，含有一对对映体。

理化性质 淡黄色液体；相对密度 0.91；沸点 100℃（0.53Pa）；25℃蒸气压为 17mPa。溶解性（25℃）：水 350mg/kg（pH7），丙酮、三氯甲烷、二噁烷、乙醇、乙酸乙酯、庚烷、二甲苯＞250g/L。在室温下密闭容器中稳定 3 年以上，其水溶液对紫外光稳定。

毒性 急性经口 LD_{50}（mg/kg）：大鼠 1800、小鼠大于 3200、野鸡 1900、雄野鸭 370。急性经皮 LD_{50}（mg/kg）：大鼠＞4000。对豚鼠皮肤无过敏性，对兔眼睛和皮肤有刺激作用，无致畸、致突变作用，对繁殖无影响。鱼毒 LC_{50}（mg/L）（96h）：虹鳟鱼 2.6、鲤鱼 3.6、蓝鳃太阳鱼 1.9。

对映体性质差异 未见报道。

用途 属哌啶类内吸性杀菌剂，是甾醇分解抑制剂，对白粉菌科特别有效，尤其是禾白粉菌、黑麦孢和柄锈菌。

农药剂型 可与丙环唑制成混剂。

使用 用于防治小麦白粉病，用药量 240～480g/hm² ，喷雾使用。

登记信息 在美国登记，在中国、韩国、澳大利亚、巴西、印度、加拿大等国家未登记，欧盟批准。

吡噻菌胺（penthiopyrad）

C₁₆H₂₀F₃N₃OS，359.41，183675-82-3

化学名称 (RS)-N-[2-(1,3-二甲基丁基)-3-噻吩基]-1-甲基-3-(三氟甲基)-1H-吡唑-4-甲酰胺。

手性特征 具有一个手性碳，含有一对对映体。

理化性质 纯品熔点 108.7℃。在水中的溶解度 7.53mg/L（20℃）。

毒性 急性经口 LD₅₀（mg/kg）：大鼠 2000。对兔眼睛有轻微刺激作用。

对映体性质差异 未见报道。

用途 酰胺类杀菌剂，用于果树、蔬菜、草坪等，防治锈病、菌核病、灰霉病、霜霉病、苹果黑星病和白粉病。

农药剂型 20%悬浮剂。

使用 用于防治黄瓜白粉病（25～33mL/亩）、葡萄灰霉病（稀释 1500～3000 倍液），喷雾使用。

登记信息 在中国、澳大利亚、美国、加拿大登记，韩国、巴西、印度等国家未登记，欧盟批准。

苄氯三唑醇（diclobutrazol）

C₁₅H₁₉Cl₂N₃O，328.2，75736-33-3

化学名称　1-(2,4-二氯苯基)-1-(1*H*-1,2,4-三唑-1-基)-3,3-二甲基-丁-2-醇。

手性特征　具有两个手性碳，含有两对对映体。

理化性质　近于白色晶体，熔点 147～149℃，密度 1.25g/cm³，蒸气压约 0.0027mPa（20℃）。溶解度（室温）：水 9mg/L，丙酮、三氯甲烷、乙醇、甲醇≤50mg/L。对酸、碱、热及潮湿空气均稳定。

毒性　急性经口 LD$_{50}$（mg/kg）：大鼠 4000、小鼠＞1000、豚鼠和兔 4000；急性经皮 LD$_{50}$（mg/kg）：大鼠和兔＞1000。对大鼠皮肤无刺激作用，对兔皮肤有轻微刺激作用，对兔眼睛有中等刺激性。蜜蜂的经口 LD$_{50}$ 和接触 LD$_{50}$ 均为 0.05mg/只。

对映体性质差异　（2*R*,3*R*）为活性体。

用途　用于防治谷物、葡萄、苹果和瓜类等多种作物上的白粉菌、禾谷类作物锈病、咖啡上的驼孢锈病菌、苹果上的黑星病菌，对番茄、香蕉和柑橘上的真菌病害也有防效。

登记信息　在中国、美国、韩国、澳大利亚、巴西、印度、加拿大等国家未登记，欧盟未批准。

苄乙丁硫磷（conen）

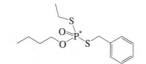

C$_{13}$H$_{21}$O$_2$PS$_2$，304.4，27949-52-6

化学名称　*O*-丁基-*S*-苄基-*S*-乙基二硫代磷酸酯。

其他名称　BEBP；稻可宁；克硫净。

手性特征　具有一个手性磷，含有一对对映体。

理化性质　微黄色油状液体，溶于丙酮和芳烃，不溶于水。

毒性　急性经口 LC$_{50}$（mg/kg）：雄鼠 870。

对映体性质差异　未见报道。

登记信息　在中国、美国、韩国、澳大利亚、巴西、印度、加拿大等国家未登记，欧盟未批准。

丙环唑（propiconazole）

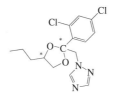

C$_{15}$H$_{17}$Cl$_2$N$_3$O$_2$，342.2，60207-90-1

化学名称 （±）1-[2-（2,4-二氯苯基）-4-丙基-1,3-二氧戊环-2-甲基]-1H-1,2,4-三唑。

其他名称 敌力脱；丙唑灵；必扑尔。

手性特征 具有两个手性碳，含有两对对映体。

理化性质 淡黄色黏稠液体；沸点120℃（1.9Pa）；蒸气压0.133mPa（20℃）；密度1.27g/cm^3（20℃）。溶解性（20℃）：水110mg/L，己烷60g/kg，与丙酮、甲醇、异丙醇互溶。320℃以下稳定，对光较稳定，水解不明显，在酸性、碱性介质中较稳定。

毒性 急性经口LD$_{50}$（mg/kg）：大鼠1517。急性经皮LD$_{50}$（mg/kg）：大鼠＞4000。对兔皮肤和眼睛无刺激。对人的ADI为0.02mg/kg体重。

对映体性质差异 对植物的抑制生长作用2R体比2S体强。

用途 是具有保护和治疗作用的内吸性三唑类杀菌剂，主要防治小麦锈病、白粉病、根腐病，香蕉叶斑病。

农药剂型 25％、156g/L、250g/L乳油；20％、40％、48％、55％微乳剂；40％悬浮剂；25％、45％水乳剂；混剂有1％丙环·嘧菌酯颗粒剂，40％丙环·嘧菌酯悬浮剂，30％稻瘟·丙环唑悬浮剂，50％唑醚·丙环唑乳油，300g/L苯甲·丙环唑乳油，50％肟菌·丙环唑微乳剂，30％苯甲·丙环唑水乳剂，40％唑醚·丙环唑水乳剂，28％丙环·咪鲜胺水乳剂，18％苯甲·丙环唑水分散粒剂，24％井冈·丙环唑可湿性粉剂等。

使用 用于防治香蕉叶斑病（250～500mg/kg，喷雾）、小麦白粉病、根腐病、锈病（124.5g/hm^2，喷雾）、小麦纹枯病（112.5～150g/hm^2，喷雾）、茭白胡麻斑病（56～75g/hm^2，喷雾）、莲藕叶斑病（75～112.5g/hm^2，喷雾）、人参黑斑病（93.75～131.25g/hm^2，喷雾）。

登记信息 在中国、印度、澳大利亚、美国、加拿大登记，韩国、巴西等国家未登记，欧盟未批准。

丙硫菌唑（prothioconazole）

C$_{14}$H$_{15}$Cl$_2$N$_3$OS，344.3，178928-70-6

化学名称　（RS）-2-[2-（1-氯环丙基）-3-（2-氯苯基）-2-羟丙基]-2,4-二氢-1,2,4-三唑-3-硫酮。

其他名称　丙硫唑。

手性特征　具有一个手性碳，含有一对对映体。

理化性质　白色或浅灰棕色粉末状结晶；熔点 139.1～144.5℃；蒸气压＜4×10^{-7}Pa（20℃）；正辛醇-水分配系数 lgK_{ow}＝4.05（20℃）；水中溶解度（20℃）0.3g/L。

毒性　急性经口 LD$_{50}$（mg/kg）：大鼠＞6200。急性经皮 LD$_{50}$（mg/kg）：大鼠＞2000。对兔眼睛和皮肤无刺激，对豚鼠皮肤无过敏现象。通过大鼠试验无致癌、致畸和致突变作用。

对映体性质差异　相比于 R 体，S 体具有更强的激素效应，会干扰甲状腺激素和雌激素的分泌水平[2]。（－）-丙硫菌唑对水蚤毒性高于（＋）-丙硫菌唑；（＋）-丙硫菌唑对小球藻毒性高于（－）-丙硫菌唑[3]。

用途　广谱三唑硫酮类杀菌剂。主要用于防治禾谷类作物如小麦、大麦、油菜、花生、水稻和豆类作物等众多病害。几乎对所有麦类病害都有很好的防治效果，如小麦和大麦的白粉病、纹枯病、枯萎病、叶斑病、锈病、菌核病、网斑病、云纹病等。还能防治油菜和花生的土传病害，如菌核病，以及主要叶面病害，如灰霉病、黑斑病、褐斑病、黑胫病、菌核病和锈病等。30％可分散油悬浮剂用于防治小麦赤霉病，40～45mL/亩喷雾使用。

农药剂型　41％悬浮剂；30％可分散油悬浮剂；混剂有 28％丙硫菌唑·多菌灵悬浮剂，40％丙硫菌唑·戊唑醇悬浮剂。

登记信息　在中国、澳大利亚、加拿大登记，美国、韩国、巴西、印度等国家未登记，欧盟批准。

稻瘟清（oryzone）

$C_8H_2Cl_5NO$, 305.4, 21727-09-3

化学名称 五氯苄醇腈。

其他名称 稻瘟腈。

手性特征 具有一个手性碳，含有一对对映体。

理化性质 原药为白色结晶性粉末；熔点189℃；不溶于水，难溶苯、二甲苯，可溶于丙酮、乙醇和醋酸乙酯。对自然界环境条件（紫外线、pH、雨露等）稳定。

毒性 急性经口 LD_{50}（mg/kg）：鼹鼠3000。对皮肤无刺激性。

对映体性质差异 未见报道。

用途 属内吸和保护性杀菌剂，同时又是一种土壤消毒剂，在土壤中与铁、铝离子结合，对腐霉菌、镰刀菌、伏革菌、丝核菌等引起的多种病害有很好的防治效果，并对作物有提高生理活性、促进生长的作用。

登记信息 在美国登记，在中国、韩国、澳大利亚、巴西、印度、加拿大等国家未登记，欧盟未批准。

稻瘟酯（pefurazoate）

$C_{18}H_{23}N_3O_4$, 345.4, 101903-30-4

化学名称 戊-4-烯基-N-糠基-N-咪唑-1-基羰基-DL-高丙氨酸酯。

手性特征 具有一个手性碳，含有一对对映体。

理化性质 纯品为淡棕色液体；相对密度为1.152（20℃）；沸点为235℃（分解）；蒸气压0.648mPa（23℃）。溶解度（25℃，g/L）：水0.443、正己烷12.0、环己烷36.9，二甲亚砜、乙醇、丙醇、乙腈、三氯甲烷、乙酸乙酯、甲苯均大于 1000。稳定性：40℃放置 90d 后分解 1%，在酸性条件下稳定，碱性和光照下不稳定。

毒性　急性经口 LD$_{50}$（mg/kg）：雄大鼠 981、雌大鼠 1051；雄小鼠 1299、雌小鼠 946。急性经皮 LD$_{50}$（mg/kg）：大鼠＞2000。对兔皮肤无刺激作用，对兔眼睛有轻微刺激，对豚鼠皮肤无过敏性。鱼毒 LC$_{50}$（mg/L）（48h）：鲤鱼16.9、青鳟鱼 12、鲫鱼 20、雅罗鱼 16.5、硬头鳟鱼 4.0、太阳鱼 12.0、泥鳅15.0。蜜蜂 LD$_{50}$ 为 0.1mg/只，蚕（桑叶饲喂）LC$_{50}$ 为 3.245mg/kg 饲料。

对映体性质差异　未见报道。

用途　属咪唑类杀菌剂，对种传的病原真菌，如水稻恶苗病、稻瘟病、褐斑病和水稻胡麻叶斑病有卓效。能防治子囊菌纲、担子菌纲和半知菌纲致病真菌等。

登记信息　在中国、美国、韩国、澳大利亚、巴西、印度、加拿大等国家未登记，欧盟未批准。

丁苯吗啉（fenpropimorph）

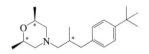

C$_{20}$H$_{33}$NO，303.54，67564-91-4

化学名称　（RS）-cis-4-[3-（4-叔丁基苯基）-2-甲基丙基]-2,6-二甲基吗啉。

手性特征　丁苯吗啉具有三个手性碳，含有四对对映体。

理化性质　纯品为无色油状液体，原药为淡黄色油状液体，具芳香味；沸点＞300℃（101.3kPa）；蒸气压 3.5mPa（20℃）；相对密度 0.931。溶解性（25℃）：水 4.3mg/kg（pH7），丙酮、三氯甲烷、环己烷、乙醚、乙醇、乙酸乙酯、甲苯＞1kg/kg。室温下在密闭容器中稳定 3 年以上；对光稳定；在 50℃、pH 值为 3，7，9 条件下水解。

毒性　急性经口 LD$_{50}$（mg/kg）：大鼠约 1470、小鼠 6000。急性经皮 LD$_{50}$（mg/kg）：大鼠 4200。鱼毒 LC$_{50}$（mg/L）（96h）：虹鳟鱼 9.5、鲤鱼 3.2。对兔和豚鼠皮肤有刺激作用，对兔眼睛有轻微刺激。

对映体性质差异　未见报道。

用途　吗啉类内吸杀菌剂，是甾醇还原抑制剂，可防治甜菜生尾孢、霉病、锈病；谷物白粉病、锈病；豆类和韭菜秆锈病；向日葵茎霉病等。

登记信息　在加拿大、美国登记，中国、韩国、澳大利亚、巴西、印度等国家未登记，欧盟未批准。

噁唑菌酮（famoxadone）

$C_{22}H_{18}N_2O_4$，374.39，131807-57-3

化学名称　3-苯胺基-5-甲基-5-(4-苯氧基苯基)-1,3-唑啉-2,4-二酮。

其他名称　易保；噁唑酮菌。

手性特征　具有一个手性碳，含有一对对映体。

理化性质　原药为无色结晶体；相对密度 1.327；熔点 140.3～141.8℃，沸点 491.3℃（760mmHg），蒸气压 8.52×10^{-10} mmHg（25℃），在 20℃ 水中溶解度 $52\mu g/L$。

毒性　急性经口 LD_{50}（mg/kg）：大鼠＞5000。急性经皮 LD_{50}（mg/kg）：大鼠＞2000。对兔眼睛和皮肤有轻微刺激作用，动物试验无致畸、致癌、致突变作用。

对映体性质差异　未见报道。

用途　高效、广谱杀菌剂，具有保护、治疗、铲除、渗透、内吸活性。作用机理是能量抑制剂，即线粒体电子传递抑制剂。用于小麦、大麦、豌豆、甜菜、油菜、番茄、辣椒、瓜类、马铃薯。防治子囊菌纲、担子菌纲、卵菌纲中的重要病害，如白粉病、霜霉病、网斑病、锈病、颖枯病、晚疫病等。

农药剂型　78.5%母药，25%悬浮剂，30%、50%水分散粒剂；混剂有 40%噁酮·吡唑酯悬浮剂，40%噁酮·氰霜唑悬浮剂，60%噁酮·氰霜唑水分散粒剂，52.5%噁酮·霜脲氰水分散粒剂，75%噁酮·嘧菌酯水分散粒剂，68.75%噁酮·锰锌水分散粒剂，30%噁酮·氟硅唑乳油等。

登记信息　在中国、印度、美国、加拿大登记，韩国、澳大利亚、巴西等国家未登记，欧盟批准。

粉唑醇（flutriafol）

$C_{16}H_{14}F_2N_3O$，301.3，76674-21-0

121

化学名称 （RS)-2,4′-二氟-α-(1H-1,2,4-三唑-1-甲基）二苯基乙醇。

手性特征 粉唑醇具有一个手性碳，含有一对对映体。

理化性质 白色晶体；熔点 130℃；蒸气压 $7.1×10^{-6}$ mPa （20℃）；相对密度 1.41 （25℃）。溶解度 （20℃）：水 130mg/L （pH7)、丙酮 190g/L、二氯甲烷 150g/L、己烷 300mg/L、甲醇 69g/L、二甲苯 12g/L。

毒性 急性经口 LD_{50} （mg/kg)：雄大鼠 1140、雌大鼠 1480。急性经皮 LD_{50} （mg/kg)：大鼠＞1000，兔＞2000。对大鼠和兔的皮肤无刺激，但对兔眼睛有轻微刺激性。在 Ames 试验中无诱变作用，对大鼠和兔无致畸作用。

对映体性质差异 对花生褐斑病菌、番茄早疫病菌、油菜菌核病菌、苹果轮斑病菌、甜菜褐斑病菌 （＋)-体优于 （－)-体[5]。R 体对蚯蚓和斜生栅藻的毒性大于 S 体，毒性是 S 体的 2.17～3.52 倍[6]。

用途 为三唑类杀菌剂。是甾醇脱甲基化抑制剂，具内吸性。在植物体内向顶性传导，对病害有保护和治疗作用。用于防治小麦白粉病 （56.25～112.5g/hm²，喷雾)、小麦条锈病 （60～90g/hm²，喷雾)、草莓白粉病 （75～150g/hm²，喷雾)。

农药剂型 12.5％、25％、40％、250g/L 悬浮剂，50％、80％ 可湿性粉剂，1％ 颗粒剂；混剂有 40％、500g/L 粉唑·嘧菌酯悬浮剂。

登记信息 在中国、澳大利亚、美国、加拿大登记，韩国、巴西、印度等国家未登记，欧盟批准。

呋菌唑（furconazole）

$C_{15}H_{14}Cl_2F_3N_3O_2$，396.2，112839-33-5

化学名称 （2RS，5RS)-5-(2,4-二氯苯基）四氢-5-(1H-1,2,4-三唑-1-基甲基)-2-呋喃基-2,2,2-三氟乙基醚。

手性特征 具有两个手性碳，含有两对对映体。

理化性质 无色晶体，熔点 86℃，25℃时蒸气压 0.0145mPa。水中溶解度为 21mg/L，有机溶剂中 370～1400g/L。

毒性 急性经口 LD_{50} （mg/kg)：雄大鼠＞715、雌大鼠 695、雄小鼠 560、

雌小鼠 510、鹌鹑 2467。腹腔注射 LD$_{50}$（mg/kg）：雄大鼠 895、雌大鼠 710、雄小鼠 710、雌小鼠 530。皮下注射 LD$_{50}$（mg/kg）：大鼠、小鼠＞5000。急性经皮 LD$_{50}$（mg/kg）：大鼠、小鼠＞5000。急性吸入 LC$_{50}$（mg/L）：大鼠＞3.2。鱼毒 LC$_{50}$（mg/L）（48h）：鲤鱼 1.26。对蜜蜂安全。对兔皮肤无刺激作用，对眼睛黏膜有轻度刺激。动物试验未见致癌、致畸、致突变作用。

对映体性质差异 未见报道。

用途 广谱性杀菌剂，甾醇脱甲基化抑制剂，具有内吸、保护、治疗、铲除作用。主要用于禾谷类、蔬菜、果树等作物防治白粉病、锈病等。此外，还可防治茶树炭疽病，桃褐腐病，瓜类和蔬菜的立枯病、炭疽病等。

使用 用于防治水果和藤本植物上的真菌病害。

登记信息 在中国、美国、韩国、澳大利亚、巴西、印度、加拿大等国家未登记，欧盟未批准。

呋醚唑（furconazole -cis）

C$_{15}$H$_{14}$Cl$_2$F$_3$N$_3$O$_2$，396.2，112839-32-4

化学名称 1-[(2R，5S)-2-(2,4-二氯苯基)-5-(2,2,2,-三氟乙氧基) 四氢呋喃-2-甲基]-1-H-1,2,4-三唑。

手性特征 具有两个手性碳，含有两对对映体。

理化性质 无色晶体，熔点 86℃，蒸气压 0.014mPa（25℃），溶解度：水 21mg/L，有机溶剂 370～1400g/L。

毒性 急性经口 LD$_{50}$（mg/kg）：大鼠 450～900。急性经皮 LD$_{50}$（mg/kg）：大鼠＞2000。对兔眼睛和皮肤无刺激作用，在 Ames 试验用微核试中无致突变性。

对映体性质差异 未见报道。

用途 内吸性杀菌剂，具有保护和治疗作用。用于防治禾谷类作物、藤本、果树和热带植物的白粉病、锈病、疮痂病、叶斑病和其他叶部病害。

登记信息 在中国、美国、韩国、澳大利亚、巴西、印度、加拿大等国家未登记，欧盟未批准。

呋霜灵（furalaxyl）

$C_{17}H_{19}NO_4$，301.3，57646-30-7

化学名称 N-(2,6-二甲基苯基)-N-(2-呋喃基)丙氨酸甲酯。

手性特征 具有一个手性碳，含有一对对映体。

理化性质 白色双晶形晶体，熔点分别为70℃和84℃；相对密度1.223；蒸气压为7.05×10^{-8}kPa。20℃的溶解度（g/kg）：丙酮520、苯480、二氯甲烷600、甲醇500、水0.32。水解（20℃）DT_{50}（计算值）＞200d（pH1和pH9），22d（pH10）。在中性和弱酸条件下较稳定，在碱性条件下不稳定。

毒性 急性经口 LD_{50}（mg/kg）：大鼠940、小鼠603。急性经皮 LD_{50}（mg/kg）：大鼠＞3100、兔5508。90d饲喂试验无作用剂量为：大鼠82mg/(kg·d)，狗1.8mg/(kg·d)。无诱变和致畸作用。日本鹌鹑 LD_{50}（8d）＞6g/kg。鱼毒 LC_{50}（mg/L）(96h)：虹鳟8.7、欧洲鲫鱼38.4、虹鳟8.7、鲶鱼60.0。直接使用时对蜜蜂无毒。蚯蚓 LC_{50}（mg/kg）(14d)：510。水蚤 LC_{50}（mg/L）(48h)：39.0。对兔皮肤和眼睛有轻微刺激，对豚鼠皮肤无过敏作用。

对映体性质差异 S 体对淡水藻的急性毒性高于 R 体[7]。

用途 为内吸性杀菌剂，适于预防和治疗通过空气和土壤传播卵菌所引起的病害。用于防治观赏植物的猝倒病和疫霉病。用于防治由疫霉菌、霉菌及其他卵菌引起的土传病害。

登记信息 在澳大利亚登记，中国、美国、韩国、巴西、印度、加拿大等国家未登记，欧盟未批准。

氟苯嘧啶醇（nuarimol）

$C_{17}H_{12}ClFN_2O$，314.7，63284-71-9

化学名称　（±）2-氯-4'-氟-α-(嘧啶-5-基) 二苯基甲醇。

其他名称　环菌灵。

手性特征　氟苯嘧啶醇具有一个手性碳，含有一对对映体。

理化性质　无色晶体，熔点 126～127℃，蒸气压＜0.0027mPa（25℃）。溶解性（25℃）：水 26mg/L（pH7）、丙酮 170g/L、甲醇 55g/L、二甲苯 20g/L。52℃以下稳定，在日光下分解。

毒性　急性经口 LD_{50}（mg/kg）：雄大鼠 1250、雌大鼠 2500、雄小鼠 2500、雌小鼠 3000、鹌鹑 200、警犬 500。急性经皮 LD_{50}（mg/kg）：兔＞2000。对皮肤无刺激作用，对兔眼睛有轻微刺激。

对映体性质差异　未见报道。

用途　嘧啶类杀菌剂。是甾醇脱甲基化抑制剂，具内吸性，对许多植物病原真菌有活性，通过叶面喷施和种子处理，防治谷物中各种病原真菌（如伪子囊菌、黑穗病菌、白粉病、叶斑病等）；梨、藤蔓、啤酒花、瓜类和其他作物白粉病；苹果黑星病等。

登记信息　在中国、美国、韩国、澳大利亚、巴西、印度、加拿大等国家未登记，欧盟未批准。

氟硅唑（flusilazole）

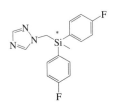

$C_{16}H_{15}F_2N_2Si$，316.4，85509-19-9

化学名称　双（4-氟苯基）甲基（1H-1,2,4-三唑-1-基亚甲基）硅烷。

其他名称　克菌星；福星。

手性特征　具有一个手性硅，含有一对对映体。

理化性质　纯品为白色结晶，熔点 55℃，蒸气压 0.039mPa（25℃）。溶解性：水 900mg/L（pH1.1）、45mg/L（pH7.8），在许多有机溶剂中＞2g/mL。对日光稳定，在 310℃以下稳定。

毒性　急性经口 LD_{50}（mg/kg）：雄大鼠 1110、雌大鼠 674。对皮肤和眼睛有轻微刺激作用，但无过敏性。无致突变性，对人的 ADI 为 0.001mg/kg 体重。

对映体性质差异　未见报道。

用途 为内吸性杀菌剂。对子囊菌纲、担子菌纲和半知菌类真菌有效，对卵菌无效，用于防治苹果黑星病（400g/L 乳油稀释 8000～10000 倍液，喷雾）、白粉病，谷类眼点病，小麦叶锈病和条锈病、黄瓜白粉病（8％微乳剂 40～60mL/亩，喷雾）。

农药剂型 10％、20％、25％水乳剂，8％、20％微乳剂，400g/L 乳油，20％可湿性粉剂，10％水分散粒剂，2.5％、8％热雾剂；混剂有 37％、55％硅唑·多菌灵可湿性粉剂，55％甲硫·氟硅唑可湿性粉剂，30％噁酮·氟硅唑乳油，40％唑醚·氟硅唑乳油，20％硅唑·嘧菌酯悬浮剂，40％苯甲·氟硅唑微乳剂，15％寡糖·氟硅唑微乳剂，40％唑醚·氟硅唑水乳剂，43％硅唑·咪鲜胺水乳剂，25％硅唑·咪鲜胺可溶液剂等。

登记信息 在中国、印度登记，美国、韩国、澳大利亚、巴西、加拿大等国家未登记，欧盟未批准。

氟环唑（epoxiconazole）

C$_{17}$H$_{13}$ClFN$_3$O，329.76，106325-08-0

化学名称 （2RS，3SR)-1-[3-(2-氯苯基)-2,3-氧桥-2-(4-氟苯基) 丙基]-1H-1,2,4-三唑。

其他名称 环氧菌唑。

手性特征 具有两个手性碳，含有两对对映体。

理化性质 相对密度 1.394，熔点 136.2℃，在 20℃水中溶解度 8.42mg/L，其他溶剂溶解度（g/100mL，20℃）：丙酮 14.4、二氯甲烷 29.1、乙腈 7.0、乙酸乙酯 9.8、正庚烷 0.046、异丙醇 1.2、甲醇 2.8、正辛醇 1.1、甲苯 4.4。在pH 值为 7 和 pH 值为 9 的条件下 12d 不水解。

毒性 急性经口 LD$_{50}$（mg/kg）：大鼠＞5000。急性经皮 LD$_{50}$（mg/kg）：大鼠＞2000。对兔眼睛和皮肤有刺激作用。

对映体性质差异 R,S-(＋)-氟环唑和 S,R-(－)-氟环唑对小球藻的 EC$_{50}$（48h）分别为 27.78mg/L 和 18.93mg/L，对大型溞的 LC$_{50}$ 分别为 4.16mg/L和 8.49mg/L[8]。

用途 三唑类杀菌剂，对一系列禾谷类作物如立枯病、白粉病、眼纹病等具有良好的防治作用，并能防治甜菜、花生、油菜、草坪、咖啡、水稻及果树等病害。不仅具有很好的保护、治疗和铲除活性，而且具有内吸和较佳的残留活性。防治水稻稻曲病、纹枯病（75～93.75g/hm^2，喷雾）；小麦锈病（90～112.5g/hm^2，喷雾）；香蕉黑星病（100～150mg/kg，喷雾）；香蕉叶斑病（100～187.5mg/kg，喷雾）。

农药剂型 12.5%、25%、30%、125g/L悬浮剂，50%、70%水分散粒剂，75g/L乳油等；混剂有14%氟环·嘧菌酯乳油，17%、30%、40%唑醚·氟环唑悬浮剂，30%氟环·咪鲜胺微乳剂，6%噻呋·氟环唑超低容量液剂，70%氟环·嘧菌酯水分散粒剂，35%氟环·嘧菌酯微囊悬浮剂等。

登记信息 在中国登记，美国、韩国、澳大利亚、巴西、印度、加拿大等国家未登记，欧盟未批准。

硅氟唑（simeconazole）

C$_{14}$H$_{20}$FN$_3$OSi，293.4，149508-90-7

化学名称 (*RS*)-2-(4-氟苯基)-1-(1*H*-1,2,4-三唑-1-基)-3-三甲基硅基丙烷-2-醇。

手性特征 具有一个手性碳，含有一对对映体。

理化性质 白色结晶，熔点118.5～120.5℃。在水中的溶解度为57.5mg/L，易溶于各种机溶剂中。正辛醇-水分配系数lgK_{ow}=3.2，对热及光均较稳定。

毒性 急性经口LD$_{50}$（mg/kg）：雄大鼠611、雌大鼠682mg/kg、雄小鼠1178、雌小鼠1018。对兔皮肤和眼均无刺激性。

对映体性质差异 未见报道。

用途 有很广的杀菌谱，对子囊菌类、担子菌类及众多不完全菌类均有很高的抗菌活性，并能同时防治众多病害。可用于防治黄瓜锈病；苹果白粉病等；种子处理可防治小麦黑穗病（用药量为4～10g/100kg）、小麦草根孢菌、白粉病（用药量为50～100g/100kg）。

登记信息 在日本登记，中国、美国、韩国、澳大利亚、巴西、印度、加拿大等国家未登记，欧盟未批准。2001年最先在日本登记。

环唑醇（cyproconazole）

$C_{15}H_{18}ClN_3O$，291.8，113096-99-4

化学名称　(2RS，3RS)-2-(4-氯苯基)-3-环丙基-1-(1H-1,2,4-三唑-1-基) 丁-2-醇。

手性特征　具有两个手性碳，含有两对对映体。

理化性质　无色晶体，熔点 106～109℃，沸点＞250℃，蒸气压 0.0347mPa (20℃)，相对密度为 1.259，溶解度（25℃）：水 1.4g/kg、丙酮＞230g/kg、二甲基亚砜＞180g/kg、乙醇＞230g/kg、二甲苯 120g/kg。70℃下稳定 15d，日光下土壤表面 DT_{50} 为 21d；pH 值 3～9，50℃稳定。

毒性　急性经口 LD_{50}（mg/kg）：雄大鼠 1020、雌大鼠 1330、鹌鹑 150。急性经皮 LC_{50}（mg/kg）：大鼠＞2000。鱼毒 LC_{50}（mg/L）（96h）：鲤鱼 18.9、虹鳟 19、蓝鳃鱼 21。对兔皮肤和眼睛无刺激作用，无致突变作用，对豚鼠无皮肤过敏现象。对鸟类低毒。

对映体性质差异　未见报道。

用途　是甾醇脱甲基化抑制剂，对禾谷类作物、咖啡、甜菜、果树和葡萄上的白粉菌目、锈菌目、属孢霉属、喙孢属、壳针孢属、黑星菌属菌均有效。可用于防治小麦锈病，用药量 90～108g/hm²，喷雾使用。

农药剂型　40%悬浮剂；混剂有 280g/L 环丙·嘧菌酯悬浮剂。

登记信息　在中国、印度、美国、澳大利亚登记，韩国、巴西、加拿大等国家未登记，欧盟批准。

己唑醇（hexaconazole）

$C_{14}H_{17}Cl_2N_3O$，314.2，79983-71-4

化学名称　(2RS)-2-(2,4-二氯苯基)-1-(1H-1,2,4-三唑-1-基)-己-2-醇。

手性特征　己唑醇具有一个手性碳，含有一对对映体。

理化性质　纯品为无色晶体，熔点 110～112℃，蒸气压 0.018mPa (20℃)，相对密度 1.29（25℃）。溶解性（20℃）：水 0.018g/L、甲醇 246g/L、甲苯 59g/L。室温（40℃以下）至少 9 个月内不分解，酸、碱性（pH5.7～9）水溶液中 30d 内稳定。pH＝7 水溶液中紫外线照射下 10d 内稳定。

毒性　急性经口 LD_{50}（mg/kg）：雄大鼠 2189、雌大鼠 6071、雄小鼠 612、雌小鼠 918。急性经皮 LD_{50}（mg/kg）：大鼠 ＞2000；鱼毒 LC_{50}（96h，mg/L）：鲤鱼 5.94、虹鳟大于 76.7；蜜蜂急性接触 LD_{50}＞100μg/只，经口 LD_{50}＞100μg/只。对兔皮肤无刺激作用，但对眼睛有轻微刺激作用。无致突变作用。

对映体性质差异　R 体是活性体，对花生褐斑病菌、番茄早疫病菌、油菜菌核病菌、苹果轮斑病菌、甜菜褐斑病菌抗菌活性（－）-体大于（＋）-体[5]。（－）-己唑醇对大型溞的毒性是（＋）-己唑醇的 1.3 倍[9]。

用途　是甾醇脱甲基化抑制剂，对真菌尤其是担子菌和子囊菌引起的病害有广谱性的保护和治疗作用。用于防治小麦白粉病、锈病，用药量 30％悬浮剂 6～10g/亩；水稻纹枯病，12～16g/亩，喷雾使用。

农药剂型　5％、10％、25％、30％、40％、50g/L 悬浮剂，50％、70％、80％水分散粒剂，50％可湿性粉剂，5％、10％微乳剂，10％乳油等；混剂有 27％甲硫·己唑醇悬浮剂，16％己唑·腐霉利悬浮剂，11％井冈·己唑醇可湿性粉剂。

登记信息　在中国、印度、澳大利亚登记，美国、韩国、巴西、加拿大等国家未登记，欧盟未批准。

甲菌利（myclozolin）

$C_{12}H_{11}Cl_2NO_4$，304.1，54864-61-8

化学名称　(RS) 3-(3,5-二氯苯基)-5-甲氧基甲基-5-甲基-1,3-噁唑烷-2,4-二酮。

手性特征　具有一个手性碳，含有一对对映体。

理化性质 无结晶固体，熔点111℃，蒸气压0.059mPa（20℃）。20℃溶解度：水6.7mg/kg、三氯甲烷400g/kg、乙醇20g/kg。碱性条件下水解。

毒性 急性经口LD_{50}（mg/kg）：大鼠＞5000。急性经皮LD_{50}（mg/kg）：大鼠＞2000。

对映体性质差异 未见报道。

用途 内吸杀菌剂。对葡萄孢属核、旋孢腔菌属、长蠕孢属、盘菌属有特效。能防治茄子、黄瓜、番茄、草莓、洋葱、花卉和葡萄的灰霉病以及由核盘菌属引起的豆科、莴苣、胡椒等的茎腐病和桃棕腐病。也可用于防治大豆、黄瓜、葡萄、花生、莴苣、油菜、草莓、向日葵、番茄等作物上的念珠病、菌核病等病害。

登记信息 在中国、美国、韩国、澳大利亚、巴西、印度、加拿大等国家未登记，欧盟未批准。

甲霜灵（metalaxyl）

$C_{15}H_{21}NO_4$，279.34，57837-19-1

化学名称 N-(2-甲氧乙酰基)-N-(2,6-二甲苯基)-DL-丙氨酸甲酯。

其他名称 瑞毒霉；立达霉；氨丙灵；甲霜安；阿普隆；瑞毒霜；氨丙灵。

手性特征 具有一个手性碳，含有一对对映体。

理化性质 白色粉末。工业品熔点63.5～72.3℃，沸点295.9℃（101kPa），蒸气压（20℃）为$0.29×10^{-3}$Pa，相对密度1.21（20℃）。20℃溶解度：水7.1g/L、苯550g/L、二氯甲烷750g/L、甲醇650g/L、异丙醇270g/L。在300℃以下稳定，室温下在中性和酸性介质中稳定。

毒性 急性经口LD_{50}（mg/kg）：小鼠7888，大鼠633。急性经皮LD_{50}（mg/kg）：大鼠＞3100。TLm（mg/L）（96h）：虹鳟、鲤鱼100。对蜜蜂无毒，对鸟类有轻微毒性。ADI为0.03mg/kg体重。

对映体性质差异 R体是活性体，在体内R体是S体的3倍，在体外是1000多倍；R体对斜生栅藻毒性约是外消旋体3倍；R体比外消旋体对斑马鱼的急性毒性稍大，但两者在亚致死效应上存在较为明显的差异；R体比外消旋体对大型潘的急性毒性和慢性毒性都大[10]。

用途 内吸性杀菌剂，主要防治黄瓜、葡萄、大白菜等霜霉病，马铃薯晚疫病，番茄早、晚疫病等。也可用于防治谷子白发病，用药量 70～105g/100kg 种子，拌种使用。

农药剂型 25％悬浮种衣剂，25％种子处理悬浮剂，35％种子处理干粉剂，350g/L 精甲霜灵种子处理乳剂，20％精甲霜灵悬浮种衣剂；混剂有 10％精甲·戊·嘧菌种子处理悬浮剂，25％噻虫·咯·霜灵种子处理悬浮剂，10％唑醚·精甲霜种子处理悬浮剂，6％咯菌腈·精甲霜·噻呋种子处理悬浮剂，24％精甲霜灵·烯酰吗啉悬浮剂，15％氟吡菌胺·精甲霜灵悬浮剂，30％精甲·嘧菌酯悬乳剂，29％噻虫·咯·霜灵悬浮种衣剂，30％氟吡菌胺·甲霜灵水分散粒剂，68％精甲霜·锰锌水分散粒剂，0.8％精甲·嘧菌酯颗粒剂，53％精甲霜·锰锌可湿性粉剂，60％霜霉·精甲霜水剂，1％甲霜·福美双粉剂，3％甲霜·噁霉灵粉剂等。

登记信息 在中国、印度、澳大利亚、美国、加拿大登记，韩国、巴西等国家未登记，欧盟批准。精甲霜灵在中国登记使用。

腈苯唑（fenbuconazole）

$C_{19}H_{17}ClN_4$，336.82，114369-43-6

化学名称 4-(4-氯苯基)-2-苯基-2-(1H-1,2,4-三唑-1-甲基）丁腈。

手性特征 具有一个手性碳，含有一对对映体。

理化性质 无色结晶，熔点 124～126℃，水中溶解度 0.2mg/L（25℃）。能溶于大多数有机溶剂，如丙酮、乙醚、乙醇和芳香烃中，不溶于脂肪烃中。300℃下，在黑暗中稳定。

毒性 急性经口 LD_{50}（mg/kg）：大鼠＞2000。

对映体性质差异 未见报道。

用途 三唑类内吸杀菌剂，能阻止已发芽的病菌孢子侵入作物组织，抑制菌丝的伸长。在病菌潜伏期使用，能阻止病菌的发育；在发病后使用，能使下一代孢子变形，失去侵染能力，对病害具有预防作用和治疗作用。用于防治水稻稻曲病（24％悬浮剂，15～20mL/亩，喷雾）、桃褐腐病（24％悬浮剂，稀释2500～3200 倍液，喷雾）、香蕉叶斑病（稀释 960～1200 倍液，喷雾）。

农药剂型 24%悬浮剂。

登记信息 在中国、澳大利亚、美国、加拿大登记，韩国、巴西、印度等国家未登记，欧盟批准。

腈菌唑（myclobutanil）

$C_{15}H_{17}ClN_4$，288.8，88671-89-0

化学名称 2-(4-氯苯基)-2-(1H-1,2,4-三唑-1-甲基) 己腈。

手性特征 具有一个手性碳，含有一对对映体。

理化性质 原药为淡黄色固体，熔点为 63～68℃。纯品为无色针状结晶，熔点 68～69℃，沸点 202～208℃（133.3Pa），蒸气压 213μPa（25℃）。溶解性（25℃）：水 142mg/L，溶于醇、芳烃、酯、酮（50～100g/L），不溶于脂肪烃。在日光下其水溶液降解 DT_{50} 为：222d（消毒水）、25d（池塘水）；在 pH5、7、9 条件下于 28℃，28d 内不水解；在土壤中 DT_{50} 为 60d（粉砂壤土），在厌氧条件下不降解。

毒性 急性经口 LD_{50}（mg/kg）：雄大鼠 1600、雌大鼠 2290、鹌鹑 510。急性经皮 LD_{50}（mg/kg）：兔＞5000。LC_{50}（mg/L）：蓝鳃太阳鱼（96h）2.4、鲤鱼（48h）5.8，水虱（48h）11。对鼠、兔皮肤无刺激作用，对眼睛有轻微刺激，对豚鼠无皮肤过敏现象。大白鼠 90d 饲喂试验的无作用剂量为 100mg/kg 饲料。对鼠、兔无致畸突变作用。Ames 试验为阴性。

对映体性质差异 腈菌唑对斜生栅藻的急性毒性（＋）体＞（－）体。（＋）-腈菌唑对大型溞的毒性大于（－）-腈菌唑[11]。

用途 广谱内吸性杀菌剂，用来防治苹果黑星病和白粉病，葡萄黑腐病，麦类黑穗病。用于防治黄瓜白粉病（40%可湿性粉剂，7.5～10g/亩，喷雾）、豇豆锈病（13～20g/亩，喷雾）、梨黑星病（40%可湿性粉剂，稀释 8000～10000 倍液，喷雾）、苹果白粉病（稀释 6000～8000 倍液，喷雾）、葡萄炭疽病（稀释 4000～6000 倍液，喷雾）。

农药剂型 40%悬浮剂，12.5%、20%微乳剂，5%、12.5%、25%乳油，12.5%水乳剂，12.5%、40%可湿性粉剂；混剂有 30%腈菌·乙嘧酚悬浮剂，40%甲硫·腈菌唑悬浮剂，80%甲硫·腈菌唑可湿性粉剂，20%腈菌·福美双可湿性粉剂，60%锰锌·腈菌唑可湿性粉剂，12.5%腈菌·咪鲜胺乳油，12%腈菌·三唑酮乳油，10％腈菌·咪鲜胺热雾剂等。

登记信息　在中国、加拿大、印度、美国、澳大利亚登记，韩国、巴西等国家未登记，欧盟批准。

糠菌唑（bromuconazole）

C$_{13}$H$_{12}$BrCl$_2$N$_3$O，377.1，116255-48-2

化学名称　［(2RS，4RS)-4-溴-2-(2,4-二氯苯基) 四氢糠基]-1H-1,2,4-三唑。

其他名称　溴菌唑。

手性特征　具有两个手性碳，含有两对对映体。

理化性质　无色粉末，熔点84℃，蒸气压 (0.1～0.3)×10^{-2}mPa (25℃)。相对密度1.72 (20℃)，正辛醇-水分配系数 lgK_{ow}＝3.24 (20℃)。20℃时在水中的溶解度24～72mg/L。

毒性　急性经口 LD$_{50}$ (mg/kg)：大鼠365、小鼠1151。急性经皮 LD$_{50}$ (mg/kg)：大鼠2000。对兔子皮肤和眼睛无刺激作用。

对映体性质差异　未见报道。

用途　系统性杀菌剂，防治禾谷类作物、葡萄果树、蔬菜上的子囊菌纲、担子菌纲和半知菌类病原菌，对链格孢属、镰孢属病原菌也有效。一般采用叶面喷施的方式施药，可用于防治谷物、水果、蔬菜、热带作物等的子囊菌、担子菌的病原菌危害。

登记信息　在澳大利亚登记，中国、美国、韩国、巴西、印度、加拿大等国家未登记，欧盟批准。

联苯三唑醇（bitertanol）

C$_{20}$H$_{23}$N$_3$O$_2$，337.4，55179-31-2

化学名称　1-联苯氧基-3,3-二甲基-1-(1，2,4-三唑-1-基）丁-2-醇。

其他名称　双苯三唑醇。

手性特征　具有两个手性碳，含有两对对映体。

理化性质　原药为无色晶体，熔点 123～129℃，蒸气压小于 1.0mPa (20℃)。20℃时在正己烷、二氯甲烷、异丙醇、甲苯等有机溶剂的溶解度分别达 1～10g、100～200g、30～100g、10～30g/L，而在水中的溶解度仅有 0.005g/L。对酸碱较稳定。

毒性　属低毒杀菌剂。急性口服 LC_{50} (g/kg)：原药大鼠＞5、小鼠 4.2～4.5、狗＞5。急性经皮 LC_{50} (g/kg)：大鼠＞5。急性经皮 LD_{50} (mL/kg) 大鼠＞5。急性吸入 LC_{50} (mg/m^3)：(1h) 大鼠＞933，(4h) 大鼠＞960。对眼黏膜有轻度刺激，对皮肤无刺激作用。在试验剂量条件下对动物无致畸、致突变及致癌作用。对鱼类中等毒性。TLm (mg/L)：鲤鱼 (48h) 2.5，金鱼 (96h) 3，虹鳟鱼 (96h) 2.2～2.7，大翻车鱼 (96h) 2.1。对蜜蜂及鸟类安全。

对映体性质差异　S 体对小球藻的急性毒性比 R 体高[12]。

用途　为广谱、渗透性杀菌剂，具有很好的保护治疗和铲除作用。对锈病、白粉病、黑星病、叶斑病均有较好的防效。用于防治花生叶斑病，用药量 25% 可湿性粉剂 50～83g/亩，喷雾使用。

农药剂型　25% 可湿性粉剂。

登记信息　在中国、印度、美国、澳大利亚登记，韩国、巴西、加拿大等国家未登记，欧盟未批准。

氯苯嘧啶醇（fenarimol）

$C_{17}H_{12}Cl_2N_2O$，331.2，60168-88-9

化学名称　(±) 2,4-二氯-α-(嘧啶-5-基）二苯甲基醇。

其他名称　乐必耕。

手性特征　具有一个手性碳，含有一对对映体。

理化性质　纯品为白色结晶固体，熔点 117～119℃，蒸气压 0.065mPa (25℃)。25℃水中溶解度 13.7mg/L (pH7)，溶于丙酮、乙腈、苯、三氯甲烷、甲醇。在阳光下迅速分解为多种降解产物。在土壤中的半衰期>365d。

毒性　急性经口 LD$_{50}$（mg/kg）：小鼠 4500、大鼠 2500、狗>200。对兔皮肤无刺激性，对眼睛有轻微刺激。对狗、鸭子和鹌鹑的无作用剂量为 200mg/kg。对蜜蜂无毒。

对映体性质差异　未见报道。

用途　对作物具有保护、治疗和铲除病害作用的杀菌剂，用于白粉病和黑星病、葡萄和蔷薇以及其他作物上的白粉病。用于防治梨黑星病、苹果白粉病，用药量 6% 可湿性粉剂稀释 1000～1500 倍液，喷雾使用。

农药剂型　6%、12% 可湿性粉剂。

登记信息　在美国登记，在中国、韩国、澳大利亚、巴西、印度、加拿大等国家未登记，欧盟未批准。

咪菌腈（fenapanil）

C$_{16}$H$_{19}$N$_3$，253.34，61019-78-1

化学名称　2-正丁基-2-苯基-3-(1H-咪唑基) 丙-1-腈。

手性特征　具有一个手性碳，含有一对对映体。

理化性质　工业品为深褐色黏稠液体；沸点 200℃ （93.22Pa）；25℃ 蒸气压 0.133Pa；溶解度：丙酮 50%、二甲苯 50%、乙二醇 25%、水 1%。对酸、碱稳定，pH9 时的半衰期为 10d。

毒性　急性口服 LC$_{50}$（mg/kg）：大白鼠 1590。急性经皮 LC$_{50}$（g/kg）：家兔 5。

对映体性质差异　未见报道。

用途　咪唑类广谱内吸杀菌剂，为麦角甾醇生物合成抑制剂。对子囊菌、担子菌、半知菌等多种真菌有良好活性。主要用于防治白粉病、锈病、叶斑病、苹果轮纹病及黑星病等。

登记信息　在中国、美国、韩国、澳大利亚、巴西、印度、加拿大等国家未登记，欧盟未批准。

咪菌酮（climbazole）

$C_{15}H_{17}ClN_2O_2$，292.76，38083-17-9

化学名称　1-(4-氯代苯氧基)-1-(1*H*-咪唑-1-基)-3,3-二甲基-2-丁酮。

其他名称　二唑丁酮；二唑酮；氯咪巴唑；甘宝素。

手性特征　具有一个手性碳，含有一对对映体。

理化性质　无色结晶固体。熔点 95.5℃。蒸气压 1mPa。溶解性（20℃）：水 5.5mg/L、丙二醇 100~200g/kg、环己酮 400~600g/kg。

毒性　急性经口 LD_{50}（mg/kg）：雄大鼠 400。

对映体性质差异　未见报道。

用途　具有广谱杀菌性能，可防治由曲霉、青霉、假丝酵母、拟青霉等病原菌引起的病害。用于杀灭家居用品、器皿和建筑物等上的曲霉菌、念珠菌、青霉菌等。

登记信息　在澳大利亚登记，中国、美国、韩国、巴西、印度、加拿大等国家未登记，欧盟未批准。

咪唑菌酮（fenamidone）

$C_{17}H_{17}N_3OS$，311.4，161326-34-7

化学名称　(5*S*)-3-苯氨基-5-甲基-2-甲硫基-5-苯基咪唑啉-4-酮。

手性特征　具有一个手性碳，含有一对对映体。

理化性质　白色粉状固体，熔点为 137℃，相对密度为 1.285，蒸气压 $3.4×10^{-7}$ Pa（25℃），水中溶解度（20℃）7.8mg/L。

毒性　急性经口 LD_{50}（mg/kg）：雄大鼠＞5000，雌大鼠 2028。急性经皮

LD_{50} （mg/kg）（24h）大鼠＞2000。对兔眼睛和皮肤无刺激。Ames 试验、微核试验为阴性。

对映体性质差异 未见报道。

用途 咪唑啉酮类杀菌剂，线粒体呼吸抑制剂。具有触杀、渗透、内吸活性，具有良好的保护和治疗活性。用于防治由卵菌纲病原菌引起的霜霉病、疫病（包括早疫病和晚疫病）等，对果树黑斑病亦有很好的活性。用于防治葡萄、蔬菜上的叶斑病、白粉病、锈病及卵菌真菌（如短孢菌、疫霉菌），可种子处理或土壤浸水施药。

登记信息 在印度、美国、加拿大登记，中国、韩国、澳大利亚、巴西等国家未登记，欧盟未批准。

灭菌唑（triticonazole）

$C_{17}H_{20}ClN_3O$，317.81，131983-72-7

化学名称 （1RS）-（E）-5-（4-氯亚苄基）-2,2-二甲基-1-（1H-1,2,4-三唑-1-基甲基）环戊醇。

手性特征 具有一个手性碳，含有一对对映体。具有双键，含有顺反异构体。

理化性质 纯品（顺式和反式混合物）为白色粉状固体，熔点 139～140.5℃，当温度达到 180℃开始分解，水中溶解度 9.3mg/L（20℃）。相对密度 1.326～1.369（20℃），蒸气压＜10^{-5} mPa（50℃）。

毒性 急性经口 LD_{50} （mg/kg）：大鼠＞2000，山齿鹑＞2000。急性经皮 LD_{50} （mg/kg）：大鼠＞2000。急性吸入 LC_{50} （mg/L）：大鼠（4h）＞1.4；虹鳟鱼（96h）＞10；水蚤（48h）＞9.3。对兔眼睛和皮肤无刺激，对蚯蚓无毒。

对映体性质差异 R 体对蛋白核小球藻的毒性高于 S 体[13]。

用途 防治由镰孢（霉）属、柄锈菌属、麦类核腔菌属、黑粉菌属、腥黑粉菌属、白粉菌属、圆核腔菌、壳针孢属、柱隔孢属等引起的病害如白粉病、锈病、黑星病、网斑病等。主要用于禾谷类作物、豆科作物、果树，对种传病害有特效。可用于防治玉米丝黑穗病，用药量 28％悬浮种衣剂，药种比 1：500～

137

1：1000，种子包衣。

农药剂型 28％悬浮种衣剂；混剂有 30％精甲·咯·灭菌悬浮种衣剂，11％唑醚·灭菌唑种子处理悬浮剂。

登记信息 在中国、澳大利亚、美国、加拿大登记，韩国、巴西、印度等国家未登记，欧盟批准。

嗪胺灵（triforine）

$C_{10}H_{14}Cl_6N_4O_2$，434.96，26644-46-2

化学名称 1,4-二（2,2,2-三氯-1-甲酰胺基乙基）哌嗪。

手性特征 具有两个手性碳，含有两对对映体。

理化性质 白色无味结晶，熔点 155℃（分解），25℃下蒸气压为 80mPa，室温下在水中溶解度为 9mg/L，在丙酮、苯、四氯化碳、三氯甲烷、二氯甲烷、石油醚中的溶解度低，微溶于二噁烷或环己酮，溶于四氢呋喃，易溶于二甲基甲酰胺、二甲基亚砜和 1-甲基吡咯-2-酮。水溶液中在紫外线及日光下分解。可被浓 H_2SO_4 或 HCl 迅速分解成三氯乙醛和哌嗪盐，遇强碱缓慢分解成三氯甲烷和哌嗪。DT_{50} 为（pH5～7，25℃）3.5d。

毒性 急性经口 LD_{50}（g/kg）：大鼠＞16、小鼠＞6、狗＞2、鹌鹑＞5g。急性经皮 LD_{50}（g/kg）：大鼠和兔＞10。急性吸入 LC_{50}（mg/L）（1h）：大鼠＞4.5。两年饲喂试验无作用剂量为：大鼠 200mg/kg 饲料、狗 100mg/kg 饲料。人 ADI（mg/kg）为 0.02 体重。鱼毒 LC_{50} 为（g/L）（96h）：虹鳟和蓝鳃太阳鱼＞1。对蚯蚓低毒，LD_{50}（mg/kg）为＞1000。水蚤 LC_{50} 为（mg/L）（48h）为 117。

对映体性质差异 未见报道。

用途 内吸性杀菌剂，可防治水果和浆果白粉病、疮痂病和其他病害；观赏植物的白粉病、锈病和黑斑病；蔬菜、谷物、瓜类白粉病、锈病、念珠菌及其他叶部病害；也用于防治水果贮藏期的病害；对红蜘蛛也有效。

登记信息 在澳大利亚、美国、加拿大登记，中国、韩国、巴西、印度等国家未登记，欧盟未批准。

氰菌胺（zarilamid）

C₁₁H₁₁ClN₂O₂，238.7，84527-51-5

化学名称　（RS）-4-氯-N-［氰基（乙氧基）甲基］苯甲酰胺。

其他名称　氰酰胺；稻瘟酰胺。

手性特征　具有一个手性碳，含有一对对映体。

理化性质　浅褐色结晶固体，熔点111℃，相对密度1.34（25℃），蒸气压4700mPa（20℃）。溶解性（20℃）：水 0.167g/L（pH5.3）、甲醇272g/L、丙酮＞500g/L、二氯甲烷271g/L、二甲苯26g/L、乙酸乙酯336g/L、己烷0.12g/L。常温下贮存至少在9个月内稳定。

毒性　急性经口LD₅₀（mg/kg）：雄大鼠526、雌大鼠775。

对映体性质差异　未见报道。

用途　内吸性杀菌剂，与保护性杀菌剂混用，防治葡萄霜霉病、马铃薯和番茄晚疫病。可用于防治稻瘟病，叶片喷施施药，用药量为120～150g/hm²。

登记信息　在中国、美国、韩国、澳大利亚、巴西、印度、加拿大等国家未登记，欧盟未批准。

噻唑菌胺（ethaboxam）

C₁₄H₁₆N₄OS₂，320.42，162650-77-3

化学名称　（RS）-N-（α-氰基-2-噻吩甲基）-4-乙基-2-（乙胺基）噻唑-5-甲酰胺。

手性特征　具有一个手性碳，含有一对对映体。

理化性质　其纯品为白色晶体粉末。无固定熔点，在185℃熔化过程中分解。水中溶解度418mg/L（20℃）。在室温，pH7条件下的水溶液稳定，pH4

和 9 时半衰期分别为 89d 和 46d。

毒性 急性经口 LD_{50}（mg/kg）：大、小鼠（雄、雌）＞5000。急性经皮 LD_{50}（mg/kg）：大鼠（雄、雌）＞5000。急性吸入 LC_{50}（mg/L）：大鼠（雄、雌）＞4189。对兔眼睛无刺激性，对兔皮肤无刺激性，对豚鼠皮肤无致敏性。对兔、大鼠无潜在致畸性。野生动物毒性 LC_{50}（mg/L）（96h）：蓝鳃太阳鱼＞219、黑头呆鱼＞416、虹鳟 210。EC_{50}（mg/L）（120h）：藻类＞316。LD_{50}：蜜蜂＞$100\mu g$/只；蚯蚓＞1000mg/kg；北美鹌鹑＞5000mg/kg。

对映体性质差异 未见报道。

用途 对卵菌纲类病害如葡萄霜霉病、马铃薯晚疫病、瓜类霜霉病等具有良好的预防、治疗和内吸活性。可用于防治黄瓜霜霉病、辣椒疫病，喷雾使用。

农药剂型 12.5％可湿性粉剂。

登记信息 在美国、加拿大登记，中国、韩国、澳大利亚、巴西、印度等国家未登记，欧盟未批准。

三唑醇（triadimenol）

$C_{14}H_{18}ClN_3O_2$，295.8，55219-65-3

化学名称 （1RS，2RS）-1-(4-氯苯氧基)-1（1H-1,2,4-三唑)-3-二甲基-2-丁醇。

其他名称 百坦；抑菌净；禾粒丰；斑锈灵。

手性特征 具有两个手性碳，含有两对对映体。

理化性质 无色晶体，熔点约 111.7℃，蒸气压 10～20mPa（90℃）。溶解性（20℃）：水 32～62mg/L，二氯甲烷、异丙醇 100～200g/L，己烷 0.1～1.0g/L，甲苯 10～50g/L。在正常情况下，对光、热稳定，在酸性（pH3）、中性、碱性（pH10）情况下贮存 16 个月不分解。

毒性 急性经口 LD_{50}（mg/kg）：大鼠约 700、小鼠约 1300。

对映体性质差异 三唑醇（1S，2R）体的杀菌作用最强，其次（1R，2R）体＞（1R，2S）体＞（1S，2S）体。对大型溞的毒性顺序为（1R，2S)-(＋)-＞（1S，2R)-(－)-＞（1R，2R)-(＋)-＞（1S，2S)-(－)-三唑醇[14]。对斜生栅藻的毒性顺序为（1S，2R)-(－)-＞（1R，2S)-(＋)-＞（1R，2R)-(＋)-＞

（1S，2S）-（－）-三唑醇[15]。

用途 广谱内吸性杀菌剂，可防治麦类各种黑穗病，大麦网斑病，小麦根腐病，大麦白粉病，水稻稻曲病、稻瘟病、纹枯病；油菜菌核病，用药量15%可湿性粉剂60～70g/亩，喷雾使用；小麦纹枯病，200～300g/100kg种子，拌种使用。

农药剂型 10%、15%、25%可湿性粉剂，25%乳油，25%干拌剂；混剂有15%、20%克·醇·福美双悬浮种衣剂，24%唑醇·福美双悬浮种衣剂，7.5%甲柳·三唑醇悬浮种衣剂，10.9%唑醇·甲拌磷悬浮种衣剂，21%井冈·三唑醇可湿性粉剂等。

登记信息 在中国、美国、澳大利亚登记，韩国、巴西、印度、加拿大等国家未登记，欧盟未批准。

三唑酮（triadimefon）

$C_{14}H_{16}ClN_3O_2$，293.8，43121-43-3

化学名称 （1RS）-1-(4-氯苯氧基)-3,3-二甲基-1-(1,2,4-三唑-1-基)-2-丁酮。

其他名称 粉锈宁；唑菌酮；三唑二甲酮；三唑酮；百理通；百菌酮；曲唑酮。

手性特征 具有一个手性碳，含有一对对映体。

理化性质 纯品为无色结晶，原粉为白色至淡黄色固体。熔点82.3℃（纯品），大于70℃（原粉）。相对密度1.22（20℃），蒸气压0.02mPa（20℃）、1.5mPa（40℃）。溶解性（20℃）：水700mg/L、甲苯400～600mg/L、己烷5～10g/L、异丙醇50～100g/L。对0.05mol/L硫酸、0.1mol/L氢氧化钠稳定。

毒性 急性经口LD_{50}（mg/kg）：大、小鼠约1000。急性经皮LD_{50}（g/kg）：大鼠＞5。对兔皮肤和眼睛有轻微刺激。对鱼类及鸟类较安全，对蜜蜂和天敌无害。

对映体性质差异 三唑酮两对映体生物活性差别小，可能是由于手性中心在羰基及三唑基的α位，容易发生外消旋化，也可能是由于发生了体内活化反应，生成了三唑醇。R体对大型溞和斜生栅藻的毒性大于S体[14,15]。

141

用途 为高效内吸性杀菌剂，是防治小麦锈病、白粉病，玉米、高粱丝黑穗病、玉米圆斑病等多种难治病害的优良药剂。用于防治小麦白粉病、锈病（25％可湿性粉剂 30～35g/亩，喷雾）；烟草白粉病（44％悬浮剂 20～30mL/亩，喷雾）；橡胶树白粉病（15％烟雾剂 40～53g/亩，烟雾机喷烟雾）。

农药剂型 15％、25％可湿性粉剂，10％、20％乳油，15％水乳剂，8％、44％悬浮剂，15％烟雾剂；混剂有 32％唑酮·乙蒜素乳油，20.8％甲柳·三唑酮乳油，20％萎锈·三唑酮可湿性粉剂，48％唑酮·福美双可湿性粉剂，40％多·酮可湿性粉剂，36％多·酮悬浮剂，15％井冈·三唑酮悬浮剂，3.5％甲柳·三唑酮种衣剂，9.1％克·戊·三唑酮悬浮种衣剂，16％咪·酮·百菌清热雾剂，16％咪鲜·三唑酮热雾剂，10％唑酮·甲拌磷拌种剂等。

登记信息 在中国、美国、印度、澳大利亚登记，韩国、巴西、加拿大等国家未登记，欧盟未批准。

四氟醚唑（tetraconazole）

C$_{13}$H$_{11}$Cl$_2$F$_4$N$_3$O，372.1，112281-77-3

化学名称 （±)-2-(2,4-二氯苯基)-3-(1H-1,2,4-三唑-1-基）丙基-1,1,2,2-四氟乙基醚。

手性特征 具有一个手性碳，含有一对对映体。

理化性质 纯品为黏稠油状物，蒸气压 1.6mPa（20℃）。溶解度（20℃）：水 150mg/L，可与丙酮、二氯甲烷、甲醇互溶。水溶液对日光稳定，在 pH5～9下水解，对铜有轻微腐蚀性。

毒性 急性经口 LD$_{50}$（mg/kg）：雄大鼠 1250、雌大鼠 1031。急性经皮 LD$_{50}$（mg/kg）：大鼠＞2000。对大鼠无致突变性，在 Ames 试验中无诱变性。鱼毒 LC$_{50}$（mg/L）（96h）：蓝鳃太阳鱼 4.0、虹鳟鱼 4.8。

对映体性质差异 R 体活性高于 S 体。

用途 是甾醇脱甲基化抑制剂，对白粉菌、柄锈菌，单胞锈菌，甜菜生尾孢和黑星菌均有效。防治草莓白粉病（4％水乳剂 50～83g/亩，喷雾）；黄瓜、甜瓜白粉病（67～100g/亩，喷雾）。

农药剂型 4％、12.5％、20％、25％水乳剂，17％、20％悬浮剂。

登记信息 在中国、印度、澳大利亚、美国、加拿大登记，韩国、巴西等国家未登记，欧盟批准。

戊菌唑（penconazole）

C$_{13}$H$_{15}$Cl$_2$N$_3$，284.2，66246-88-6

化学名称 1-[2-(2,4-二氯苯基)戊基]-1H-1,2,4-三唑。

手性特征 具有一个手性碳，含有一对对映体。

理化性质 无色晶体，熔点57.6～60.3℃，20℃时蒸气压为0.37mPa，相对密度1.30（20℃）。溶解度（25℃）：水中73mg/L、乙醇中730g/L、丙醇中770g/L、甲苯中610g/L、己烷中22g/L、辛醇中400g/L。350℃以下稳定。

毒性 急性经口LD$_{50}$（mg/kg）：大鼠2125、小鼠2444。急性经皮LD$_{50}$（g/kg）：大鼠＞3。急性吸入LC$_{50}$（g/m^3）（4h）：＞4。对兔皮肤无刺激，对兔眼睛有刺激。对豚鼠皮肤无致敏作用。饲喂试验无作用剂量：大鼠（2年）3.8mg/(kg·d)，小鼠（2年）0.71mg/(kg·d)，狗（1年）3.3mg/(kg·d)。对人的ADI为0.03mg/kg体重。无致癌、致畸、诱变作用。鸟类急性经口LC$_{50}$为（mg/kg）（8d）：日本鹌鹑2424、野鸭＞1590。LC$_{50}$为（mg/kg）（8d）鹌鹑和野鸭＞5620。鱼毒LC$_{50}$为（mg/L）（96h）：虹鳟1.7～4.3、鲤鱼3.8～4.6、蓝鳃太阳鱼2.1～2.8。对蜜蜂无毒。LC$_{50}$（经口和局部，μg/只）：蜜蜂＞5。LC$_{50}$：蚯蚓＞1000mg/kg（14d）。水蚤7～11mg/L（48h）。

对映体性质差异 未见报道。

用途 内吸性杀菌，具治疗、保护、铲除作用。防治白粉菌科黑星菌属及孢菌纲、担子菌纲和半知菌类的致病菌。用于防治葡萄白粉病、白腐病，用药浓度10％乳油稀释2500～5000倍液，喷雾使用。

农药剂型 10％、20％、25％水乳剂，10％乳油；混剂有25％戊菌唑·乙嘧酚磺酸酯微乳剂，30％吡唑醚菌酯·戊菌唑水乳剂，30％甲硫·戊菌唑悬浮剂。

登记信息 在中国、印度、澳大利亚登记，美国、韩国、巴西、加拿大等国家未登记，欧盟批准。

戊唑醇（tebuconazole）

$C_{16}H_{22}ClN_3O$，307.81，107534-96-3

化学名称　（3RS）-1-（4-氯苯基）-4,4-二甲-3-（1H-1,2,4 三唑-1-基甲基）戊-3-醇。

手性特征　具有一个手性碳，含有一对对映体。

理化性质　无色晶体，熔点为 105℃，蒸气压 0.013mPa（20℃），溶解性（20℃）：水 32mg/L、二氯甲烷＞200g/L、己烷＜0.1g/L、异丙醇 50～100g/L、甲苯 50～100g/L。

毒性　急性经口 LD_{50}（mg/kg）：大鼠 4000、雄小白鼠 2000、雌小鼠 3933。急性经皮 LD_{50}（mg/kg）：大鼠＞5000。对兔皮肤和眼睛无刺激，Ames 试验无致突变性。

对映体性质差异　对花生褐斑病菌、番茄早疫病菌、油菜菌核病菌、苹果轮斑病菌、甜菜褐斑病菌抗菌活性（－）-体大于（＋）-体[5]。R 体对灰葡萄孢的杀菌活性比 S 体高 44 倍[16]。R-（－）-戊唑醇对斜生栅藻，大型溞和斑马鱼的毒性大于 S-（＋）-戊唑醇，R-（－）-戊唑醇的毒性是 S-（＋）-戊唑醇的 1.4～5.9 倍[17]。

用途　是甾醇脱甲基化抑制剂，是用于重要经济作物的种子处理或叶面喷洒的高效内吸性杀菌剂。用于防治水稻稻曲病（64.5～129g/hm²，喷雾）、苦瓜白粉病（75～112.5g/hm²，喷雾）、花生叶斑病（93.75～125g/hm²，喷雾）、黄瓜白粉病（105～115g/hm²，喷雾）、苹果树斑点落叶病（61.4～86mg/kg，喷雾）、枇杷炭疽病（62.5～83.3mg/kg，喷雾）、梨树黑星病（108.5～143.3mg/kg，喷雾）、香蕉叶斑病（250～300mg/kg，喷雾）。还可用于防治小麦散黑穗病（1.8～2.7g/100kg 种子，种子包衣）、小麦纹枯病（3～4g/100kg 种子，种子包衣）、高粱丝黑穗病（6～9g/100kg 种子，种子包衣）、玉米丝黑穗病（6～12g/100kg 种子，种子包衣）。

农药剂型　25％可湿性粉剂，43％、50％、430g/L 悬浮剂，0.2％、2％、6％、60g/L 悬浮种衣剂，60g/L 种子处理悬浮剂，80％水分散粒剂，80％可湿性粉剂，25％乳油，12.5％、25％、250g/L 水乳剂，1％糊剂，3％超低容量液剂等；混剂有 50％戊唑·嘧菌酯悬浮剂，40％肟菌·戊唑醇悬浮剂，30％唑醚·戊唑醇悬浮剂，80％戊唑·多菌灵可湿性粉剂，10％精甲·戊·嘧菌种子处理悬浮剂，45％戊唑·咪鲜胺水乳剂，2％苯甲·戊唑醇缓释剂，45％戊唑·醚菌酯水分散粒剂，60％戊唑·丙森锌水分散粒剂，30％嘧环·戊唑醇乳油，24％烯肟·戊唑醇可分散油悬浮剂，25％吡唑·戊唑醇微乳剂，6％戊唑·福美双干粉种衣剂，63％克·戊·福美双干粉种衣剂等。

登记信息　在中国、加拿大、印度、美国、澳大利亚、南非等国家登记，韩国、巴西等国家未登记，欧盟批准。

烯唑醇（diniconazole）

$C_{15}H_{17}Cl_2N_3O$，326.2，83657-24-3

化学名称　(E)-(3RS)-1-(2,4-二氯苯基)-4,4-二甲基-2-(1H-1,2,4-三唑-1-基)-1-戊烯-3-醇。

其他名称　速保利；特谱唑；特鲁唑。

手性特征　具有一个手性碳，含有一对对映体。

理化性质　原药为无色结晶固体，熔点 134～156℃，相对密度 1.32，蒸气压 4.9mPa（25℃）。溶解性：水 4.1mg/L、甲醇 95g/kg、二甲苯 14g/kg、丙酮 95g/kg、己烷 700mg/kg。通常贮存条件下稳定，对热、光和潮湿稳定。

毒性　原药急性经口 LD_{50}（mg/kg）雄大白鼠 639、雌大白鼠 474。急性经皮 LD_{50}（mg/kg）雄雌大白鼠＞5000。对眼睛有轻微刺激，对皮肤无刺激作用。亚急性经口无作用量（mg/kg）大白鼠 10。TLm（mg/L）（96h）：鲤鱼 4.0，翻车鱼 6.48。

对映体性质差异　植物生长调节作用方面 S 体强，而杀菌活性方面 R 体强。

用途　是高效广谱内吸杀菌剂，对谷物、果树、蔬菜及重要的经济作物由子囊菌、担子菌和半知菌引起的植物病害具有极好的治疗和铲除作用。用于防治梨树黑星病（31～42mg/kg，喷雾）、柑橘树疮痂病（63～83mg/kg，喷雾）、香蕉叶斑病（62.5～125mg/kg，喷雾）、苹果树斑点落叶病（50～125mg/kg，喷雾）、水稻纹枯病（70.3～93.75g/hm^2，喷雾）、小麦白粉病（60～120g/hm^2，喷雾）、小麦锈病（56.25～93.75g/hm^2，喷雾）、花生叶斑病（47～62.5g/hm^2，喷雾）、芦笋茎枯病（56.25～70g/hm^2，喷雾）。

农药剂型　12.5％可湿性粉剂，50％水分散粒剂，10％、25％乳油，5％微乳剂，12.5％R-烯唑醇可湿性粉剂等；混剂有32.5％锰锌·烯唑醇可湿性粉剂，17.5％、27％、30％烯唑·多菌灵可湿性粉剂，12％井冈·烯唑醇可湿性粉剂，20％井·烯·三环唑可湿性粉剂，15％烯唑·福美双悬浮种衣剂，15％吡·福·烯唑醇悬浮种衣剂，18％三环·烯唑醇悬浮剂，15％烯唑·三唑酮乳油等。

登记信息　在中国、澳大利亚登记，美国、韩国、巴西、印度、加拿大等国家未登记，欧盟未批准。R-烯唑醇在中国登记使用。

溴菌清（bromothalonil）

C$_6$H$_6$N$_2$Br$_2$，265.96，35691-65-7

化学名称　2-溴-2-溴甲基戊二腈。

其他名称　炭特灵。

手性特征　有一个手性碳，含有一对对映体。

理化性质　白色或浅黄色结晶粉末，熔点52.5～54.5℃。不溶于水，易溶于醇、苯等有机溶剂。

毒性　原药急性经口LD$_{50}$（mg/kg）雄大白鼠681、雌大白鼠794。急性经皮LD$_{50}$（mg/kg）：大白鼠＞10000。急性吸入LC$_{50}$（mg/L）：大白鼠200。原药对小白鼠脊髓嗜多染红微核细胞无明显影响，无明显细胞遗传毒性。Amess试验为阴性，无诱变作用；不会引起不育或显性致死突变。LC$_{50}$（mg/L）：蓝鳃太阳鱼4.09，虹鳟1.75，水虱2.2。

对映体性质差异　（＋）-溴菌清对番茄根孢菌、灰霉病、弯孢菌、棒孢菌、炭疽菌等的生物活性是（－）-溴菌清的1.29～10.77倍[18]。

用途　高效广谱杀菌剂，对细菌、真菌、藻类均有广谱活性。用于防治柑橘疮痂病（100～166.7mg/kg，喷雾）、苹果炭疽病（125～208.3mg/kg，喷雾）。

农药剂型　25％可湿性粉剂，25％微乳剂，25％乳油；混剂有30％吡唑醚菌酯·溴菌腈水乳剂，27％春雷·溴菌腈可湿性粉剂，25％溴菌·多菌灵可湿性粉剂，32％苯甲·溴菌腈可湿性粉剂，75％克菌·溴菌腈可湿性粉剂，30％溴菌·咪鲜胺可湿性粉剂，40％多·福·溴菌腈可湿性粉剂，35％溴菌·戊唑醇乳油，25％溴菌·壬菌铜微乳剂，45％溴菌·五硝苯粉剂等。

登记信息 在中国登记，美国、韩国、澳大利亚、巴西、印度、加拿大等国家未登记，欧盟未批准。

叶菌唑（metconazole）

$C_{17}H_{22}ClN_3O$，319.83，125116-23-6

化学名称 （1RS，5RS）-5-(4-氯苄基)-2,2-二甲基-1-(1H-1，2,4-三唑-1-基甲基) 环戊醇。

手性特征 具有两个手性碳，含有两对对映体。

理化性质 纯品（顺式和反式混合物）为白色、无味结晶体；熔点110～113℃；沸点大约285℃；相对密度1.307（20℃）；蒸气压1.23×10^{-5}Pa（20℃）；正辛醇-水分配系数$\lg K_{ow}=3.85$（20℃）；溶解度（20℃，mg/L）：水15、甲醇235、丙酮238.9；有很好的热稳定性和水解稳定性。

毒性 急性经口LD_{50}（mg/kg）：大鼠＞661、鹌鹑790。急性经皮LD_{50}（mg/kg）：大鼠＞2000。吸入LC_{50}（mg/L）（4h）：大鼠＞1.4。LC_{50}（mg/L）：虹鳟鱼（96h）2.2～4.0、鲤鱼（96h）3.99、水蚤（48h）3.6～4.4。对兔皮肤无刺激，对兔眼睛有轻微刺激。Ames试验呈阴性。对蚯蚓无毒。

对映体性质差异 未见报道。

用途 广谱内吸性杀菌剂。兼具优良的保护及治疗作用。要用于防治小麦壳针孢、穗镰刀菌、叶锈病、条锈病、白粉病、颖枯病、锈病（50％水分散粒剂，9～12g/亩，喷雾）、赤霉病（8％悬浮剂，56～75mL/亩，喷雾）；大麦矮形锈病、白粉病、叶枯病；黑麦叶枯属、叶锈病；燕麦冠锈病。

农药剂型 8％悬浮剂，50％水分散粒剂。

登记信息 在中国、美国、加拿大登记，韩国、澳大利亚、巴西、印度等国家未登记，欧盟批准。

乙环唑（etaconazole）

$C_{14}H_{15}Cl_2N_3O_2$，328.2，60207-93-4

化学名称 1-[2-(2,4-二氯苯基)-4-乙基-1,3-二氧戊环-2-甲基]-1H-1,2,4-三唑。

手性特征 具有两个手性碳，含有两对对映体。

理化性质 无色晶体，熔点 75～93℃。20℃时溶解度（g/kg）：丙酮 300、二氯甲烷 700、甲醇 400、异丙醇 100、甲苯 250、水 0.08。

毒性 对温血动物低毒，急性口服 LC_{50}（mg/kg）：大鼠 1343。急性经皮 LC_{50}（mg/kg）：大鼠 3100。对鸟无毒性，对鱼中等毒性。

对映体性质差异 （2S，4R）为活性体。

用途 广谱内吸杀菌剂，具有保护和治疗作用。用于防治作物的子囊菌、担子菌等病原菌，对卵菌无活性；还可以防治各种作物的白粉病、锈病、菌核病和黑星病等。

登记信息 在中国、美国、韩国、澳大利亚、巴西、印度、加拿大等国家未登记，欧盟未批准。

乙菌利（chlozolinate）

$C_{13}H_{11}Cl_2NO_5$，332.14，84332-86-5

化学名称 (5RS)-3-(3,5-二氯苯基)-5-甲基-2,4-二氧代-1,3-噁唑啉-5-羧酸乙酯。

手性特征 具有一个手性碳，含有一对对映体。

理化性质　无色结晶固体；熔点 112.6℃；相对密度 1.42；蒸气压 0.013mPa（25℃）；溶解性（25℃）：水 32mg/L，丙酮、三氯甲烷、二氯甲烷＞300g/kg，己烷 3g/kg，甲醇 10g/kg。对光稳定。其水溶液在 pH 值 5～9 时水解。

毒性　急性经口 LC$_{50}$（mg/kg）：大鼠＞4500、小鼠＞10000。急性经皮 LC$_{50}$（mg/kg）：大鼠（24h）＞5000。对兔眼睛和皮肤无刺激。无致畸、致突变、致癌作用。

对映体性质差异　未见报道。

用途　属 3,5-二氯苯胺类杀菌剂，用于防治灰葡萄孢和核盘菌属菌以及防治蔬菜、核果、草莓、观赏植物等作物的灰霉病、菌核病和念珠菌，叶面或土壤喷施，用药量 750～1000g/hm^2。

登记信息　在中国、美国、韩国、澳大利亚、巴西、印度、加拿大等国家未登记，欧盟未批准。

乙烯菌核利（vinclozolin）

C$_{12}$H$_9$Cl$_2$NO$_3$，286.1，50471-44-8

化学名称　（5RS）-3-(3,5-二氯苯基)-5-甲基-5-乙烯基-1,3-噁唑啉-2,4-二酮。

其他名称　农利灵；烯菌酮。

手性特征　具有一个手性碳，含有一对对映体。

理化性质　纯品为白色结晶固体，熔点 108℃（工业品）。沸点 131℃（0.05mmHg），蒸气压 13.3μPa（20℃）。相对密度 1.51。溶解度（20℃）：水中为 2.6mg/L、丙酮 435g/kg、苯 146g/kg、三氯甲烷 319g/kg、乙酸乙酯 253g/kg。在室温水中和 0.1mol/L 盐酸中稳定，在碱性溶液中缓慢水解。

毒性　原药急性经口 LC$_{50}$（mg/kg）：大白鼠＞10000、豚鼠＞8000。对大白鼠和狗的 90d 饲喂试验中，无作用剂量分别为 450mg/kg、300mg/kg。TLm（mg/L）：鲤鱼（48h）12、虹鳟鱼（96h）52.5、水虱＞40。对蜜蜂和蚯蚓无害。安全间隔期为 21～35d。对人的 ADI 为 0.01mg/kg 体重。

对映体性质差异　未见报道。

用途 为接触性杀菌剂，对葡萄灰霉病，苹果、梨灰霉病有良好的防治效果。用于防治番茄、黄瓜灰霉病，用药量 50%水分散粒剂 75～100g/亩，喷雾使用。

农药剂型 50%干悬浮剂；50%水分散粒剂。

登记信息 在美国登记，在中国、韩国、澳大利亚、巴西、印度、加拿大等国家未登记，欧盟未批准。

抑霉唑（imazalil）

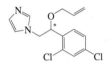

C$_{14}$H$_{14}$Cl$_2$N$_2$O，297.18，35554-44-0

化学名称 (RS)-1-(β-烯丙氧基-2,4-二氯苯基)-2-咪唑。

其他名称 万得利。

手性特征 具有一个手性碳，含有一对对映体。

理化性质 亮黄色至棕色油状液体，熔点 52.7℃，沸点>340℃，蒸气压 0.158mPa（20℃），相对密度 1.2429。溶解度：水（pH7.6）0.18g/L，丙酮、二氯甲烷、甲醇>500g/L。在正常贮存条件下对光稳定。

毒性 急性经口 LC$_{50}$（mg/kg）：大鼠 227～343。急性经皮 LC$_{50}$（mg/kg）：大鼠 4200～4880。鱼毒 LC$_{50}$（96h，mg/L）：虹鳟鱼 1.5、蓝鳃太阳鱼 4.04。直接使用对蜜蜂无毒。

对映体性质差异 S 体对病原菌的生物活性比 R 体高 3～6.59 倍；S 体对大型溞的急性毒性比 R 体高；R 体对斑马鱼的急性毒性比 S 体高[19]。

用途 内吸性杀菌剂，对侵袭水果、蔬菜的许多真菌病害均有良好的防治效果，对长蠕孢属、镰孢属、壳针孢属真菌具有高活性。用于防治柑橘绿霉病、青霉病（22.2%乳油，稀释 450～900 倍液，浸果）；番茄叶霉病（15%烟剂，0.3～0.5g/m^2）；苹果树腐烂病（3%膏剂，200～300g/m^2，涂抹）。

农药剂型 20%水乳剂，22.2%、50%、500g/L 乳油，10%水剂，75%可溶粒剂，15%烟剂，3%膏剂，0.1%涂抹剂；混剂有 25%抑霉·咯菌腈悬浮剂，27%抑霉·嘧菌酯悬浮剂，14%、20%、28%咪鲜·抑霉唑乳油，30%咪鲜·抑霉唑水乳剂，30%苯甲·抑霉唑水乳剂等。

登记信息 在中国、美国、澳大利亚登记，韩国、巴西、印度、加拿大等国家未登记，欧盟批准。

种菌唑（ipconazole）

$C_{18}H_{24}ClN_3O$，333.86，125225-28-7

化学名称 （1*RS*，2*SR*，5*R*）-2-4-氯苄基-5-异丙基-1-(1*H*-1,2,4-三唑-1-基甲基）环戊醇。

手性特征 具有三个手性碳，含有四对对映体。

理化性质 纯品为无色结晶体；熔点 88～90℃；相对密度 1.326～1.369（20℃）；正辛醇-水分配系数 $\lg K_{ow} = 4.21$（20℃）；溶解度（20℃）水 6.93mg/L。

毒性 急性经口 LC_{50}（mg/kg）：大鼠 1338。急性经皮 LC_{50}（mg/kg）：大鼠＞2000。LC_{50}（mg/L）（48h）：鲤鱼 2.5。对兔眼睛和皮肤无刺激。

对映体性质差异 未见报道。

用途 内吸性杀菌剂。主要用于水稻种子处理。混剂可用于防治棉花立枯病、水稻恶苗病、水稻立枯病、玉米茎基腐病、玉米丝黑穗病。

农药剂型 混剂有 14％甲·荄·种菌唑悬浮种衣剂，4.23％甲霜·种菌唑微乳剂。

登记信息 在中国、美国、澳大利亚、加拿大登记，韩国、巴西、印度等国家未登记，欧盟批准。

种衣酯（fenitropan）

$C_{12}H_{15}NO_6$，281.3，65934-94-3

化学名称 （1*RS*,2*RS*）-2-硝基-1-苯基三甲撑双乙酸酯。

手性特征 具有两个手性碳，含有两对对映体。

理化性质 无色晶体，熔点 70～72℃，略具酸味。溶解性（25℃）：水 0.03g/kg、三氯甲烷 1250g/kg、二甲苯 350g/L、异丙醇 10g/L、氯苯 450g/kg。

毒性 急性经口 LD_{50}（mg/kg）：雄大鼠 3237，雌大鼠 3852。大鼠 90d 饲喂试验的无作用剂量为 2000mg/kg 饲料。无致癌、致畸作用。

对映体性质差异 未见报道。

用途 触杀型杀菌剂，主要抑制病菌 RNA 的合成，作种子处理剂。用于对谷物、玉米、水稻和甜菜种子处理。

登记信息 在中国、美国、韩国、澳大利亚、巴西、印度、加拿大等国家未登记，欧盟未批准。

参考文献

[1] Xu P，Liu D，Diao J，et al. Enantioselective acute toxicity and bioaccumulation of benalaxyl in earthworm（Eisenia fedtia）. Journal of Agricultural and Food Chemistry，2009，57：8545-8549.

[2] Zhang Z，Du G，Gao B，et al. Stereoselective endocrine-disrupting effects of the chiral triazole fungicide prothioconazole and its chiral metabolite. Environmental Pollution，2019，251：30-36.

[3] Zhai W，Zhang L. Cui J，et al. The biological activities of prothioconazole enantiomers and their toxicity assessment on aquatic organisms. Chirality，2019.

[4] Dong F，Li J，Chankvetadze B，et al. chiral triazole fungicide difenoconazole：absolute stereochemistry，stereoselective bioactivity，aquatic toxicity，and environmental behavior in vegetables and soil. Environmental Science & Technology，2013，47：3386-3394.

[5] 杨丽萍，李树正，李煜昶，等. 三种三唑类杀菌剂对映体生物活性的研究. 农药学学报，2002（4）.

[6] Zhang Q，Hua X，Shi H，et al. Enantioselective bioactivity，acute toxicity and dissipation in vegetables of the chiral triazole fungicide flutriafol. Journal of Hazardous Materials，2015，284：65-72.

[7] Cheng C，Ma R，Lu Y，et al. Enantioselective toxic effects and digestion of furalaxyl enantiomers in Scenedesmus obliquus. Chirality，2018，30.

[8] Kaziem A. E，Gao B，Li，L. ，et al. Enantioselective bioactivity，toxicity，and degradation in different environmental mediums of chiral fungicide epoxiconazole. Journal of Hazardous Materials，2020，386：11.

[9] Han J，Jiang J，Su H，et al. Bioactivity，toxicity and dissipation of hexaconazole enantiomers. Chemosphere，2013，93：2523-2527.

[10] 康卓，等. 现代农药手册. 北京：化学工业出版社，2018.

[11] Sun M，Liu D，Qiu X，et al. Acute toxicity，bioactivity，and enantioselective behavior with tissue distribution in rabbits of myclobutanil enantiomers. Chirality，2014，26：784-789.

[12] Li L，Gao B，Wen Y，et al. Stereoselective bioactivity，toxicity and degradation of the chiral triazole fungicide bitertanol. Pest Management Science，2020，76 (1).

[13] Liu R，Deng Y，Zhang W.，et al. Enantioselective mechanism of toxic effects of triticonazole against Chlorella pyrenoidosa. Ecotoxicology and Environmental Safety，2019，185：109691.

[14] Li Y，Dong F，Liu X，et al. Chiral fungicide triadimefon and triadimenol：Stereoselective transformation in greenhouse crops and soil，and toxicity to Daphnia magna. Journal of Hazardous Materials，2014，265：115-123.

[15] Xu P，Huang L. Stereoselective bioaccumulation，transformation，and toxicity of triadimefon in Scenedesmus obliquus. Chirality，2017，29：61-69.

[16] Cui N，Xu H，Yao S，et al. Chiral triazole fungicide tebuconazole：enantioselective bioaccumulation，bioactivity，acute toxicity，and dissipation in soils. Environmental science and Pollution Research，2018，25.

[17] Li Y，Dong F，Liu X.，et al. Enantioselectivity in tebuconazole and myclobutanil nontarget toxicity and degradation in soils. Chemosphere，2015，122：145-153.

[18] Liang X，Xu J，Huang X，et al. Systemic stereoselectivity study of bromothalonil：stereoselective bioactivity，toxicity，and degradation in vegetables and soil. Pest Management Science，2020，76 (5)：1823-1830.

[19] Li R，Pan X，Tao Y，et al. Systematic evaluation of chiral fungicide imazalil and its major metabolite R14821 (imazalil-m)：stability of enantiomers，enantioselective bioactivity，aquatic toxicity，and dissipation in greenhouse vegetables and soil. Journal of Agricultural and Food Chemistry，2019，67 (41)：11331-11339.

第5章　手性植物生长调节剂

多效唑（paclobutrazol）

$$C_{15}H_{20}ClN_3O,\ 293.8,\ 76738-62-0$$

化学名称　(2S,3S)-1-对氯苯基-2-(1,2,4-三唑-1-基)-4,4-二甲基戊-3-醇。

其他名称　氯丁唑。

手性特征　多效唑具有两个手性碳，含有两对对映体。

理化性质　白色结晶，熔点165～166℃，相对密度1.22，蒸气压1.0μPa（20℃）。溶解度：环己酮18%、甲醇15%、丙酮11%、二氯甲烷10%、二甲苯6%、丙二醇5%、水26mg/L。紫外光下，pH7条件下10d内不降解。纯品在25℃以下能稳定6个月以上，稀溶液在任何pH下均稳定，对光也稳定，常温（20℃）贮存稳定性在两年以上。

毒性　急性经口 LD_{50}（mg/kg）：大鼠1500，雌野鸭>8000。急性经皮 LD_{50}（mg/kg）：1000。TLm（96h）：硬头鳟鱼33.1mg/L。对大白鼠皮肤有轻微刺激作用，对兔皮肤有中等刺激作用。对兔眼睛有轻微至中等刺激作用。

对映体性质差异　植物生长调节活性，(2S,3S)-(−)体>(2R,3R)-(+)体，杀菌活性 (2R,3R)-(+)体大于 (2S,3S)-(−)体。对藻类的毒性表现为 S 体>外消旋体>R 体。[1]

用途　主要用于调节水稻、油菜、花生、苹果树、荔枝树生长。作用机理是抑制赤霉素衍生物的生成，减少植物细胞的分裂和生长，兼有杀菌作用。使用时水稻育秧田用药量200～300mg/kg；油菜田100～200mg/kg；荔枝树294～385mg/kg，喷雾使用。花生 90～112.5g/hm²，茎叶喷雾。苹果树71.4～89.3mg/kg，沟施。

农药剂型　15%、25%、30%悬浮剂，15%可湿性粉剂，5%乳油；混剂有30%多唑·甲哌鎓悬浮剂，30%矮壮·多效唑悬浮剂，10%多唑·甲哌鎓可湿性粉剂，20%多唑·甲哌鎓微乳剂，0.78%多·多唑拌种剂。

登记信息 在中国、印度、澳大利亚、加拿大登记，美国、韩国、巴西等国家未登记，欧盟批准。

呋嘧醇（flurprimidol）

$C_{15}H_{15}F_3N_2O_2$，312.3，56425-91-3

化学名称 （1RS）-1-嘧啶-5-基-1-（4-三氟甲氧基苯基）异丁醇。

其他名称 调嘧醇。

手性特征 具有一个手性碳，含有一对对映体。

理化性质 白色结晶，熔点 94～96℃。在水中的溶解度（pH4～10）为120～140mg/L，易溶于丙酮、三氯甲烷、二氯甲烷等有机溶剂中。

毒性 急性经口 LD_{50}（mg/kg）：大鼠 709，小鼠 602。急性经皮 LD_{50}：兔＞500mg/kg。急性毒性 LC_{50}（mg/L，48h）：鲤鱼 13.29，蓝鳃太阳鱼 17.2，虹鳟鱼 18.3。对兔眼睛引起暂时的角膜混浊、轻微的结膜炎。Ames 试验表明无致突变作用。对鸟低毒，对鱼毒性较低。

对映体性质差异 未见报道。

用途 属嘧啶醇类植物生长调节剂，主要用于防治单子叶和双子叶杂草，作用机理是抑制赤霉素合成。使用时，在草坪上施用量为 0.14～1.12kg/hm^2；开花植物和观叶植物的叶面喷施浓度为 5～30mg/L，木本观赏植物为 100～200mg/L。

登记信息 在美国登记，中国、韩国、澳大利亚、巴西、印度、加拿大等国家未登记，欧盟未批准。

环丙嘧啶醇（ancymidol）

$C_{15}H_{16}N_2O_2$，256.3，12771-68-5

化学名称 （*RS*)-α-环丙基-4-甲氧基-α-（嘧啶-5-基）苯甲醇。

手性特征 嘧啶醇具有一个手性碳，含有一对对映体。

理化性质 纯品为白色结晶固体，熔点 110～111℃。正辛醇-水分配系数 lgK_{ow}=4.6（25℃）。25℃时在水中的溶解度约为 650mg/L，易溶于普通有机溶剂如苯、丙酮、三氯甲烷、乙腈、乙醇、乙基溶纤剂等。在芳烃中溶解度中等，微溶于饱和烃中。水溶液在 pH7～11 时，贮存 4 个月仍稳定，在强酸和强碱性介质中能分解。没有腐蚀性。52℃ 以下稳定，紫外线下稳定。

毒性 急性经口 LD$_{50}$（g/kg）：大鼠 4.5，小鼠 5。急性经皮 LD$_{50}$：兔＞200mg/kg。

对映体性质差异 未见报道。

用途 主要用于调节多种观赏植物如菊花、一品红、东方百合、郁金香、黄水仙等的生长。可用作叶面或土壤施药。

登记信息 在中国、加拿大登记，美国、韩国、澳大利亚、巴西、印度等国家未登记，欧盟未批准。

抗倒胺（inabenfide）

C$_{19}$H$_{15}$ClN$_2$O$_2$，338.8，82211-24-3

化学名称 *N*-［4-氯-2-（羟基苄基）苯基］吡啶-4-甲酰胺。

手性特征 抗倒胺具有一个手性碳，含有一对对映体。

理化性质 淡黄色至棕色或无色、无味、棱柱形结晶，熔点 210～212℃，蒸气压 0.063mPa。在水中的溶解度为 0.001g/L（30℃），可溶于乙酸乙酯、甲醇、丙酮等有机溶剂。

毒性 急性经口 LD$_{50}$：大鼠＞15g/kg。TLm（48h）：鲤鱼＞20mg/L。对兔皮肤和眼睛无不良刺激。

对映体性质差异 只有 *S* 体具有植物生长调节剂的作用。

用途 植物生长调节剂，作用机理是抑制水稻植株赤霉素的合成，对水稻有很强的选择性抗倒伏作用。

登记信息　在日本登记，中国、美国、韩国、澳大利亚、巴西、印度、加拿大等国家未登记，欧盟未批准。

蔓草磷（krenites）

$C_3H_{11}N_2O_4P$，170.1，25954-13-6

化学名称　氨基甲酰基膦酸乙酯铵盐。

其他名称　调节膦。

手性特征　具有一个手性磷，含有一对对映体。

理化性质　纯品为白色有薄荷香味的晶体，相对密度1.33，熔点175℃，蒸气压533.3μPa（25℃）。溶解度（mg/kg）：水1790、丙酮300、苯400、二甲基甲酰胺1400、乙醇12000、甲醇158000（25℃）。在酸性介质中分解，碱性和中性介质中稳定。

毒性　急性经口LD_{50}（mg/kg）：大白鼠12000，土拨鼠7380，野鸭、鹌鹑＞10000。急性经皮LD_{50}：兔＞4000mg/kg。TLm（mg/L）：鲶鱼670，虹鳟1000。

对映体性质差异　未见报道。

用途　植物生长调节剂，具有整枝、矮化、增糖、保鲜等多种生理作用。

登记信息　在中国、美国、韩国、澳大利亚、巴西、印度、加拿大等国家未登记，欧盟未批准。

哌壮素（piproctanly）

$C_{18}H_{36}BrN$，346.4，56717-11-4

化学名称　(RS)-1-烯丙基-1-(3,7-二甲基辛基)溴派啶鎓盐。

手性特征　具有一个手性碳，含有一对对映体。

理化性质　浅黄色蜡状固体，熔点约75℃，可溶于水，不溶于正己烷和环己烷。溶解度（g/L）为：甲醇＞2400、乙醇2100、丙酮1400；在水中（pH3～11）强紫外光的照射下稳定。在一般条件下贮存3年无变化。

毒性 急性口服LD_{50}（mg/kg）：大鼠820～990，小鼠182。急性经皮LD_{50}：大鼠115～240mg/kg。急性吸入LC_{50}：大鼠1.5mg/L空气。LC_{50}（mg/L）（96h）：虹鳟12.7、蓝鳃太阳鱼62。LC_{50}（8d）：鹌鹑、野鸭均＞1000mg/kg。对豚鼠皮肤无刺激，对兔眼无刺激，对蜜蜂无毒。每日对大鼠喂150mg（有效成分）/kg体重和每日对狗喂25mg/kg体重长达90d，均无明显影响。

对映体性质差异 未见报道。

用途 是一种植物生长阻滞剂，通过植物的绿色部分吸收，进入体内。作用机理是阻碍赤霉素的生物合成，其作用表现为缩短节间距、矮化植株，使茎梗强壮，叶色变深。

登记信息 在中国、美国、韩国、澳大利亚、巴西、印度、加拿大等国家未登记，欧盟未批准。

缩株唑（2,2-dimethyl-6-phenoxy-4-（1,2,4-triazol-1-yl） hexan-3-ol,CTK3E9269）

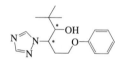

$C_{16}H_{23}N_3O_2$，289.38，80553-79-3

化学名称 （3*RS*,4*RS*）-2,2-二甲基-5-苯氧基-(1*H*-1,2,4-三唑-1-基)己-3-醇。

其他名称 BAS 111W；BASF 111。

手性特征 具有两个手性碳，含有两对对映体。

理化性质 相对密度1.11，沸点469.9℃（760mmHg），闪点238℃。

毒性 急性经口LD_{50}：大鼠5g/kg。

对映体性质差异 未见报道。

用途 三唑类抑制剂，可以改善树冠结构，延缓叶片衰老，改进同化物分配，促进根系生长，提高作物抗低温干旱能力。作用机理是通过植物的叶或根吸收，在植物体内阻碍贝壳杉烯到异贝壳杉烯酸的氧化，抑制赤霉素的合成。

登记信息 在中国、美国、韩国、澳大利亚、巴西、印度、加拿大等国家

未登记，欧盟未批准。

调果酸（cloprop）

$C_9H_9ClO_3$，200.9，101-10-0

化学名称 （2RS）-2-（3-氯苯氧基）丙酸。

手性特征 具有一个手性碳，含有一对对映体。

理化性质 纯品为无色无臭结晶粉末，熔点117.5～118.1℃，在室温下无挥发性，22℃在水中的溶解度为1.2g/L，易溶于大多数有机溶剂。

毒性 急性经口LD_{50}（mg/kg）：雄大鼠3360，雌大鼠2140。急性经皮LD_{50}：兔＞2000mg/kg。LC_{50}（mg/L）（96h）：虹鳟21、蓝鳃太阳鱼118。

对映体性质差异 未见报道。

用途 植物生长调节剂，可使菠萝等水果的果实增大。

登记信息 在美国登记，在中国、韩国、澳大利亚、巴西、印度、加拿大等国家未登记，欧盟未批准。

烯效唑（uniconazole）

$C_{15}H_{18}ClN_3O$，291.8，83657-22-1

化学名称 （1E）-（3RS）-1-（4-氯苯基）-4,4-二甲基-2-（1H-1,2,4-三唑-1-基）戊-1-烯-3-醇。

手性特征 具有一个手性碳，含有一对对映体。具有一个双键，含有顺反异构体，工业品为反式异构体。

理化性质 原药为无色结晶固体；相对密度1.28（21.5℃）；熔点147～164℃；蒸气压8.9mPa（20℃）。25℃溶解性：己烷0.1g/kg、甲醇8.8g/kg、二甲苯7g/kg、水8.41mg/L，能溶于丙酮、乙酸乙酯、三氯甲烷、二甲基亚砜。在正常贮存条件下稳定性高。闪点195℃。

毒性 急性经口 LD$_{50}$（mg/kg）：雄大鼠 2020，雌大鼠 1790，小鼠＞600。急性经皮 LD$_{50}$：大鼠＞2000mg/kg。急性毒性 LC$_{50}$（mg/L）（48h）：金鱼＞1.0、蓝鳃太阳鱼 6.4。Ames 试验阴性。

对映体性质差异 烯效唑 S 体植物生长调节作用强，而杀菌活性方面 R 体强。

用途 唑类广谱植物生长调节剂，可用于调节花生、水稻、油菜等草木或木本的单子叶或双子叶植物生长。作用机理是抑制赤霉素合成和节间细胞的生长。使用时用药量：花生 5％可湿性粉剂稀释 400～800 倍液喷雾；水稻 500～1000 倍液浸种；油菜 400～533 倍液喷雾。

农药制剂 5％可湿性粉剂；10％悬浮剂；可与 28-表高芸薹素内酯、甲哌鎓、二甲戊灵、14-羟基芸薹素甾醇制成混剂。

登记信息 在中国、美国、加拿大登记，韩国、澳大利亚、巴西、印度等国家未登记，欧盟未批准。

抑芽唑（triapenthenol）

C$_{15}$H$_{25}$N$_3$O，263.4，76608-88-3

化学名称 （1E)-(3RS)-1-环己基-4,4-二甲基-2-(1H-1,2,4-三唑-1-基）戊-1-烯-3-醇。

其他名称 抑高唑。

手性特征 具有一个手性碳，含有一对对映体。

理化性质 无色晶体，熔点 135.5℃，蒸气压 44nPa（20℃）。溶解度（20℃）：水 68mg/L、甲醇 433g/L、丙酮 150g/L、二氯甲烷＞200g/L、己烷 5～10g/L、异丙醇 100～200g/L、N,N-二甲基甲酰胺 468g/L、甲苯 20～50g/L。

毒性 急性经口 LD$_{50}$（g/kg）：大鼠＞5，小鼠 4，狗 5；急性经皮 LD$_{50}$：大鼠 5g/kg。急性毒性 LC$_{50}$（mg/L）（96h）：鲤鱼 18、鳟鱼 37。对蜜蜂无害。

对映体性质差异 未见报道。

用途 植物生长调节剂，主要用于抑制茎叶生长，并能提高作物的产量。使用时：油菜在油菜抽薹主茎的最后一节，现蕾前施药，每公顷用 70％可湿性粉剂720g，加水750kg（即每亩用48g，加水50kg），均匀喷雾，叶面处理；大豆于大豆始花期施药，每公顷用70％可湿性粉剂720～1428g，加水750kg（即每亩用48～95g加水50kg），喷大豆茎叶处理；水稻于水稻抽穗前10～15d，每公顷用70％可湿性粉剂500～720g（含有效成分350～500g），加水750kg（即每亩用33～48g，加水50kg），喷雾处理。

农药制剂 70％可湿性粉剂。

登记信息 在中国、美国、韩国、澳大利亚、巴西、印度、加拿大等国家未登记，欧盟未批准。

整形醇（chlorflurenol-methyl）

$C_{15}H_{11}ClO_3$，274.7，2536-31-4

化学名称 （9RS）-2-氯-9-羟基芴-9-羧酸甲酯。

手性特征 具有一个手性碳，含有一对对映体。

理化性质：白色结晶；熔点152℃；25℃时蒸气压为0.67mPa；20℃时在水中的溶解度为18mg/L，可溶于甲醇、乙醇和丙酮。室温下稳定。

毒性 急性经口LD_{50}：大鼠12.7g/kg。急性经皮LD_{50}：大鼠＞10g/kg。对皮肤无刺激性，对蜜蜂无毒。

对映体性质差异 未见报道。

用途 植物生长调节剂，主要用于防止椰子落果，促进水稻生长，促进黄瓜坐果和生长。调节植物生长时施药量为2～4kg/hm^2；还可用于抑制杂草生长，用药量0.5～1.5kg/hm^2。

登记信息 在中国、美国、韩国、澳大利亚、巴西、印度、加拿大等国家未登记，欧盟未批准。

参考文献

[1] Liu C，Liu S，Diao J. Enantioselective growth inhibition of the green algae （Chlorella vulgaris） induced by two paclobutrazol enantiomers. Environmental Pollution，2019，250：610-617.

第6章 手性除草剂

2,4-滴丙酸（dichlorporp）

$C_9H_8Cl_2O_3$，235.1，120-36-5

化学名称 （2RS）-2-(2,4-二氯苯氧基)丙酸。

手性特征 具有一个手性碳，含有一对对映体。

理化性质 纯品为无色无臭结晶固体，熔点117.5～118.1℃，在室温下无挥发性。20℃在水中的溶解度为350mg/L，易溶于大多数有机溶剂。

毒性 急性经口 LD_{50}：大鼠800mg/kg。急性经皮 LD_{50}：小鼠1400mg/kg。

对映体性质差异 只有 R 体有效。

用途 芽后除草剂，主要用于防除谷物地的蓼属杂草，也可叶面喷雾防治苹果和葡萄白粉病。在禾谷类作物上单用时，用药量为1.2～1.5kg（有效成分）/hm²，也可在更低剂量下使用，以防止苹果落果。

登记信息 在美国、日本登记，在中国、韩国、澳大利亚、巴西、印度、加拿大等国家未登记，欧盟未批准。

2,4,5-涕丙酸（fenoporp）

$C_9H_7Cl_3O_3$，269.5，93-72-1

化学名称 (2RS)-2-(2,4,5-三氯苯氧基) 丙酸。

手性特征 具有一个手性碳,含有一对对映体。

理化性质 白色粉末,熔点 179～181℃,25℃时的水溶解度为 140mg/L,溶于丙酮和甲醇(分别为 180g/kg 和 134g/kg)。

毒性 急性口服 LC_{50}:大鼠 650mg/kg。

对映体性质差异 未见报道。

用途 激素型除草剂,可被叶和茎吸收和传导。主要用于防除木本植物和阔叶杂草,如灌木、猪殃殃、蒿属杂草等,也可防除水生杂草。使用时以 1.2～1.5kg(有效成分)/hm^2 施用于禾谷类作物田,可有效地防除藜、猪殃殃和繁缕。与其他除草剂混用,可以扩大杀草谱。

登记信息 在美国登记,在中国、韩国、澳大利亚、巴西、印度、加拿大等国家未登记,欧盟未批准。

2 甲 4 氯丙酸(mecoprop)

$C_{10}H_{11}ClO_3$, 214.6, 7085-19-0

化学名称 (2RS)-2-(4-氯-邻甲苯氧基) 丙酸。

手性特征 具有一个手性碳,含有一对对映体。

理化性质 纯品为无色结晶,熔点 94～95℃。20℃时蒸气压 0.1nPa,水中溶解度为 620mg/L,溶于丙酮、乙醇、三氯甲烷等大多数有机溶剂,15℃时钠盐在水中溶解度为 46%(质量浓度),0℃时钾盐在水中的溶解度为 79.5%(质量浓度),对热稳定。

毒性 急性经口 LD_{50}:大鼠 930mg/kg。

对映体性质差异 R 体高效。

用途 选择性激素型除草剂,主要用于防治除猪殃殃、繁缕等阔叶杂草。使用时以 1.2～1.5kg(有效成分)/hm^2 施用于禾谷类作物田,可有效地防除藜、猪殃殃和繁缕。与其他除草剂混用,可以扩大杀草谱。

登记信息 在澳大利亚、美国、加拿大、日本登记,中国、韩国、巴西、印度等国家未登记,欧盟未批准。

稗草胺（clomeprop）

C$_{16}$H$_{15}$Cl$_2$NO$_2$，324.2，84496-56-0

化学名称　(2RS)-2-(2,4-二氯-间-甲苯氧基)丙酰苯胺。

手性特征　具有一个手性碳，含有一对对映体。

理化性质　无色晶体，熔点：146~147℃，蒸气压小于 0.013mPa（30℃）。25℃溶解度：丙酮 33g/L、环己烷 9g/L、二甲基甲酰胺 20g/L、二甲苯 17g/L、水 0.032mg/L。

毒性　急性经口 LD$_{50}$：雄大鼠＞5000mg/kg，雌大鼠 3250mg/kg，小鼠＞5000mg/kg。急性经皮 LD$_{50}$：小鼠＞5000mg/kg。

对映体性质差异　未见报道。

用途　属 2-芳氧基链烷酸类除草剂，是植物生长激素型。主要用于防除稻田中的阔叶杂草和莎草科杂草。在水稻阔叶和莎草科杂草出苗前至出苗后与预草胺混合施用。

登记信息　在中国、美国、韩国、澳大利亚、巴西、印度、加拿大等国家未登记，欧盟未批准。

吡氟禾草灵（fluazifop）

C$_{19}$H$_{20}$F$_3$NO$_4$，383.4，69806-50-4

化学名称　(2RS)-2-[4-(5-三氟甲基-2-吡啶氧基)苯氧基]丙酸丁酯。

其他名称　稳杀得。

手性特征　具有一个手性碳，含有一对对映体。

理化性质　为无色或淡黄色液体，熔点约 5℃，沸点 165℃（2.67Pa），蒸气压 7.33mPa。水中溶解度为 1mg/L（pH6.5），易溶于丙酮、二氯甲烷、乙酸乙酯、己烷、甲醇、甲苯、二甲苯。25℃下保存 3 年，37℃下保存 6 个月。

毒性　急性经皮 LD_{50}：家兔＞2400mg/kg。口服 LD_{50}：大鼠 3000mg/kg，雄小鼠 1490mg/kg，雌小鼠 1770mg/kg。

对映体性质差异　除草活性 R 体＞S 体，在土壤中，S 体转化为 R 体[1]。

用途　选择性芽后除草剂，主要用于防治大豆田、花生田、棉花田及甜菜田的禾本科杂草。使用时用药量为 262.5～525g/hm^2，喷雾。

农药制剂　35％乳油。

登记信息　在澳大利亚登记，中国、美国、韩国、巴西、印度、加拿大等国家未登记，欧盟未批准。

吡喃草酮（tepraloxydim）

$C_{17}H_{24}ClNO_4$，341.8，149979-41-9

化学名称　(EZ)-(5RS)-2-{1-[(2E)-3-氯丙烯亚胺] 丙基}-3-羟基-5-四氢吡喃-4-基环己-2-烯-1-酮。

手性特征　具有一个手性碳，一个顺反双键，含有两对对映体。

理化性质　熔点 74℃。在水中溶解度为 0.43g/L。

毒性　急性口服 LD_{50}：大鼠 5000mg/kg。

对映体性质差异　未见报道。

用途　主要用于防治大豆、棉花、油菜及其他阔叶作物田中苗后杂草，用于防治众多阔叶作物防除一年生和多年生禾本科杂草。防除春大豆田、冬油菜田中的一年生禾本科杂草时，用药量 37.5～60g/hm^2，芽后茎叶喷雾。

农药制剂　10％乳油。

登记信息　在美国、加拿大、澳大利亚、日本登记，中国、韩国、巴西、印度等国家未登记，欧盟未批准。

丙炔草胺（prynachlor）

$C_{12}H_{12}ClNO$，221.68，21267-72-1

化学名称 2-氯-N-(1RS)-(1-甲基-2-丙炔基)-N-苯基乙酰胺。

手性特征 具有一个手性碳，含有一对对映体。

毒性 急性经口 LD_{50}：大鼠 1170mg/kg。

对映体性质差异 未见报道。

登记信息 在中国、美国、韩国、澳大利亚、巴西、印度、加拿大等国家未登记，欧盟未批准。

草铵膦（glufosinate）

$C_5H_{12}NO_4P$，181.1，51276-47-2 (酸)
$C_5H_{15}N_2O_4P$，198.2，77182-82-2 (铵盐)

化学名称 （2RS)-2-氨基-4-(羟基甲基氧膦基）丁酸铵。

其他名称 草丁膦。

手性特征 具有一个手性磷，一个手性碳，含有两对对映体。

理化性质（铵盐） 熔点 215℃，20℃蒸气压小于 0.1mPa，相对密度 1.4 (20℃)。溶解度 (g/L) (20℃)：丙酮 0.16，乙醇 0.65，乙酸乙酯 0.14，甲苯 0.14，正己烷 0.2，22℃在水中 1370。对光稳定，在 pH5~9 水解，在土壤中 $DT_{50}<10d$。

毒性（铵盐） 急性经口 LC_{50} (mg/kg)：雄大鼠 2000，雌大鼠 1620，雄小鼠 431，雌小鼠 416，狗 200~400。急性经皮 LC_{50} (g/kg)：雄大鼠>4，雌大鼠 4。急性毒性 LC_{50} (48h)：水蚤 560~1000mg/L。急性毒性 LC_{50} (96h)：虹鳟 710mg/L，鲤鱼、蓝鳃太阳鱼、金色圆腹雅罗鱼>1g/L，蚯蚓>1g/kg 土，蜜蜂>100μg/只。急性毒性 LC_{50} (8d)：日本鹌鹑>5g/kg。对眼睛和皮肤有刺

激。无致癌、诱变和致畸作用。

对映体性质差异 S 体有除草活性。

用途 具有部分内吸作用的非选择性膦酸类除草剂，主要用于防治一年生和多年生双子叶及禾本科杂草。作用机理是抑制谷氨酰胺合成。使用时主要作触杀剂，防除非耕地杂草，用药量 $1050\sim1740g/hm^2$ 茎叶喷雾。防除茶园、柑橘园、咖啡园、木瓜园、香蕉园、豇豆田杂草，用药量 $600\sim900g/hm^2$ 定向茎叶喷雾。

农药制剂 18％可溶液剂；10％、23％、30％、50％水剂；50％、88％可溶性粒剂；可与乙氧氟草醚、乙羧氟草醚制成混剂。

登记信息 在中国、日本、美国、加拿大、印度、澳大利亚等国家登记，韩国、巴西等国家未登记，欧盟未批准。

草达克（tritac）

$C_{10}H_{11}Cl_3O_2$，269.55，1861-44-5

化学名称 (2RS)-1-(2,3,6-三氯苄氧基) 丙-2-醇。

手性特征 具有一个手性碳，含有一对对映体。

理化性质 沸点 $121\sim124℃$（13.3Pa）。微溶于水，可溶于多数有机溶剂。

毒性 急性口服 LD_{50}：大鼠 3160mg/kg。

对映体性质差异 未见报道。

用途 灭生性除草剂。可防除多年生深根杂草。

登记信息 在中国、美国、韩国、澳大利亚、巴西、印度、加拿大等国家未登记，欧盟未批准。

草特磷（DMPA）

$C_{10}H_{14}Cl_2NO_2PS$，314.2，299-85-4

化学名称 O-(2,4-二氯苯基)-O-甲基-N-异丙基硫代磷酰胺。

其他名称 特草磷。

手性特征 具有一个手性磷，含有一对对映体。

毒性 急性经口 LC_{50}：大鼠 270mg/kg。

对映体性质差异 未见报道。

登记信息 在中国、美国、韩国、澳大利亚、巴西、印度、加拿大等国家未登记，欧盟未批准。

除草定（bromacil）

$C_9H_{13}BrN_2O_2$，261.12，314-40-9

化学名称 5-溴-6-甲基-3-［(1RS)-1-甲基丙基］嘧啶-2,4-(1H，3H)-二酮。

手性特征 具有一个手性碳，含有一对对映体。

理化性质 纯品为无色结晶固体，熔点 158～159℃，蒸气压 0.033mPa (25℃)，溶解度（25℃）：水中 815mg/L，丙酮中 201g/kg、乙醇中 155g/kg、甲苯中 33g/kg。低于熔点温度下稳定；可被强酸慢慢分解。

毒性 急性口服 LD_{50}：大鼠 641mg/kg。

对映体性质差异 S 体对拟南芥光合系统 II 的毒性大于 R 体[2]。

用途 为非选择性除草剂，可防除非耕作区一般杂草和柑橘园杂草。使用时用药量为 1500～3480g/hm^2，定向茎叶喷雾。

农药制剂 80％可湿性粉剂。

登记信息 在中国、美国、加拿大、澳大利亚登记，韩国、巴西、印度等国家未登记，欧盟未批准。

敌草胺（napropamide）

$C_{17}H_{21}NO_2$，271.35，15299-99-7

化学名称　　(2RS)-N,N-二乙基-2-(A-萘氧基) 丙酰胺。

手性特征　　具有一个手性碳，含有一对对映体。

理化性质　　纯品为白色晶体。熔点 75℃，蒸气压 0.53Pa (25℃)。20℃时溶解度：丙酮、乙醇＞1000g/L，二甲苯 505g/L，正己烷 1g/L，水 73mg/L。对热、稀酸稳定。

毒性　　急性经口 LD_{50} (mg/kg)：雄大鼠 4680，雌大鼠＞5000，鹌鹑＞5620。急性经皮 LD_{50}：兔＞5000mg/kg。急性吸入 LC_{50}：大鼠＞6.22mg/L。急性毒性 LC_{50} (96h)：蓝鳃太阳鱼 12.2mg/L，水蚤 14.3mg/L。对眼睛和皮肤有轻微刺激作用。无致癌、致畸、致突变作用。三代繁殖试验未见异常。

对映体性质差异　　R 体高效。(-)-敌草胺对黄瓜和大豆的毒性比 (＋)-敌草胺大[3]。

用途　　该品为酰胺类除草剂。主要用于防除多种作物田中由种子发芽生长的一年生单子叶杂草和主要的阔叶杂草。防除甜菜一年生禾本科杂草及部分阔叶杂草时，用药量 750～1500g/hm²；棉花田一年生杂草，1125～1875g/hm² 土壤喷雾。防除油菜田一年生禾本科杂草及部分阔叶杂草，用药量 750～900g/hm²；大蒜一年生禾本科杂草及部分阔叶杂草 900～1500g/hm²；西瓜田一年生禾本科和部分阔叶杂草，1125～1500g/hm²；烟草田一年生禾本科和部分阔叶杂草，1500～1995g/hm² 喷雾。应在播后苗前或移栽前进行土壤处理，严禁苗后使用，每季作物最多使用 1 次。

农药制剂　　20％乳油；50％水分散粒剂；50％可湿性粉剂；可与乙草胺制成混剂。

登记信息　　在澳大利亚、美国、加拿大登记，中国、韩国、巴西、印度等国家未登记，欧盟批准。

地乐酚（dinoseb）

$C_{10}H_{12}N_2O_5$，240，88-85-7

化学名称 4,6-二硝基-2-仲丁基苯酚。

其他名称 二硝丁酚。

手性特征 具有一个手性碳，含有一对对映体。

理化性质 橙色固体，熔点 38～42℃。在水中的溶解度为 100mg/L。可溶于石油和大多数有机溶剂，能与无机碱或有机碱成盐。

毒性 急性经口 LD_{50}：大鼠 58mg/kg。急性经皮 LD_{50}：家兔 80～200mg/kg。TLm（48h）：鲤鱼 0.1～0.3mg/L。

对映体性质差异 未见报道。

用途 触杀型除草剂，可用于防除谷物田中一年生杂草，也可作马铃薯和豆科作物的催枯剂。使用时在禾本科作物、苜蓿、豌豆等发芽后施用，用药量 5kg/hm^2。

登记信息 在中国、美国、韩国、澳大利亚、巴西、印度、加拿大等国家未登记，欧盟未批准。

地乐酯（dinoseb acetate）

$C_{12}H_{14}N_2O_6$，282.25，2813-95-8

化学名称 2-(1-甲基丙基)-4,6-二硝基苯基乙酸酯。

手性特征 具有一个手性碳，含有一对对映体。

理化性质 棕色油状液体，熔点 26～27℃，20℃时蒸气压为 79.8mPa。室温时在水中的溶解度为 2200mg/L，溶于芳烃，遇水则缓慢分解，对碱及酸不稳定。

毒性 急性经口 LD_{50}：大鼠 60～65mg/kg。

对映体性质差异 未见报道。

用途 为禁用农药。用于防治禾本科植物、玉米、马铃薯等作物田中一年生阔叶杂草，用药量 2.5kg/hm^2。

农药剂型 40%可湿性粉剂、50%乳油。

登记信息 在中国、美国、韩国、澳大利亚、巴西、印度、加拿大等国家

未登记，欧盟未批准。

噁唑禾草灵（fenoxaprop）

C$_{18}$H$_{16}$ClNO$_5$，361.8，82110-72-3

化学名称 （2RS)-2-[4-(6-氯-2-苯并噁唑氧基) 苯氧基] 丙酸乙酯。

其他名称 骠马。

手性特征 具有一个手性碳，含有一对对映体。

理化性质 纯品为无色固体。熔点 84～85℃，20℃蒸气压 19mPa。20℃溶解度：水 0.9mg/L，丙酮＞500g/kg，环己烷、乙醇、正辛醇＞10g/kg，乙酸乙酯＞200g/kg，甲苯＞300g/kg。对光不敏感，遇酸、碱分解。50℃下稳定 6个月。

毒性 急性经口 LD$_{50}$：大鼠 3040mg/kg。急性吸入 LC$_{50}$（4h）：大鼠＞0.604g/m^3。急性毒性 LC$_{50}$（96h）：虹鳟鱼 1.3mg/L。对兔眼和皮肤无刺激作用，对水生生物毒性中等，对鸟类低毒。

对映体性质差异 R 体高效。S 体对斑马鱼的毒性高于 R 体。[4]

用途 杂环氧基苯氧基丙酸类除草剂，主要用于防治小麦、大豆、花生、油菜田禾本科杂草。作用机理是通过抑制乙酰辅酶 A 羧化酶，从而抑制了脂肪酸的合成，是选择性极强的茎叶处理剂。使用时小麦田用药量为 10％乳油 450～600mL/hm^2，加水 300L 茎叶处理；大豆田 52～69g/hm^2（有效成分），加水 300～450L，茎叶处理；花生田 46.6～62g/hm^2（有效成分），加水 300L 茎叶处理；油菜田 41.4～51.75g/hm^2（冬油菜），51.75～62.1g/hm^2（春油菜），加水 300L 喷雾。

农药剂型 6.9％水乳剂，7.5％、10％、12％乳油。

登记信息 在美国、加拿大登记，中国、韩国、澳大利亚、巴西、印度等国家未登记，欧盟未批准。精噁唑禾草灵在印度登记使用。

恶唑酰草胺（metamifop）

$C_{23}H_{18}ClFN_2O_4$，440.85，256412-89-2

化学名称 （2R)-2-{4-[(6-氯-2-苯恶唑基)]苯氧基}-N-(2-氟苯)-N-甲基丙酰胺。

手性特征 具有一个手性碳，含有一对对映体。

理化性质 棕色粉末，熔点 77.0～78.5℃，20℃下正辛醇-水分配系数 $\lg K_{ow}=5.45$ (pH7)，蒸气压 1.51×10^{-4} Pa (25℃)，水中溶解度 0.69mg/L (20℃，pH7)。

毒性 急性口服 LD_{50}：大鼠 ＞ 2000mg/kg。急性经皮 LD_{50}：大鼠＞2000mg/kg。急性吸入 LC_{50}：大鼠＞2.61mg/L。急性毒性 EC_{50} (48h)：水蚤 0.288mg/L，蜜蜂＞100μg/只。生长抑制毒性 EC_{50} (72h)：水藻＞2.03mg/L。对皮肤和眼无刺激，皮肤接触无致敏反应。Ames 试验、染色体畸变试验、细胞突变试验、微核细胞试验均为阴性。

对映体性质差异 R 体高效，工业品为 R 体。

用途 属于芳氧苯氧丙酸酯类除草剂，可有效防除水稻田大多数一年生禾本科杂草，如稗草、千金子、马唐和牛筋草。使用时用药量为 10％乳油 70～80mL/亩，喷雾使用。

农药剂型 10％、15％乳油；10％可分散油悬浮剂；10％可湿性粉剂；可与氰氟草酯、灭草松、双草醚、五氟磺草胺、二氯喹啉酸、氯吡嘧磺隆制成混剂。

登记信息 在中国、印度登记，美国、韩国、澳大利亚、巴西、加拿大等国家未登记，欧盟未批准。

二甲丙乙净（dimethametryne）

$C_{11}H_{21}N_5S$，255.4，22936-75-0

化学名称 2-(1,2-二甲基丙胺基)-4-乙胺基-6-甲硫基-1,3,5-三嗪。

手性特征 具有一个手性碳，含有一对对映体。

理化性质 油状液体，熔点 65℃，沸点 151～153℃（6.7Pa），蒸气压 0.186mPa（20℃），相对密度为 1.098（20℃）。20℃溶解度：水 50mg/L、丙酮中 650g/L、二氯甲烷中 800g/L、己烷中 60g/L、甲醇中 700g/L、辛醇中 350g/L、甲苯中 600g/L。稳定性：70℃下 28d（pH5～9）无明显分解。

毒性 急性经口 LD_{50}：大鼠 3000mg/kg。急性经皮 LD_{50}：大鼠＞2150mg/kg。对兔皮肤无刺激，对兔眼睛有轻微刺激。

对映体性质差异 未见报道。

用途 稻田选择性除草剂，主要用于防除水稻田禾本科及阔叶杂草。使用时通常与其他除草剂联合使用；移栽水稻（总有效面积）0.3～0.4kg/hm²，播种水稻 0.2～0.3kg/hm²。

登记信息 在中国、美国、韩国、澳大利亚、印度、巴西、加拿大等国家未登记，欧盟未批准。

二甲噻草胺（dimethenamid）

$C_{12}H_{18}ClNO_2S$，275.79，87674-68-8

化学名称 2-氯-N-(2,4-二甲基-3-噻吩)-N-(2RS)-(2-甲氧基-1-甲基乙基)乙酰胺。

手性特征 具有一个手性碳，含有一对对映体。

理化性质 黄棕色黏性液体，沸点 127℃。25℃溶解度：水 1.2g/L、庚烷 282g/L、异辛烷 220g/L。稳定性：在 pH5～9 的缓冲液中可以稳定 30d。

对映体性质差异 未见报道。

用途 用于防治玉米、大豆、甜菜、马铃薯等作物田的一年生禾本科杂草和阔叶杂草，用药量为 0.85～1.44kg/hm²。

登记信息 在美国、加拿大登记，中国、韩国、澳大利亚、印度、巴西等国家未登记，欧盟未批准。

呋氧草醚（furyloyfen）

$C_{17}H_{13}ClF_3NO_5$，403.7，80020-41-3

化学名称 （3*RS*)-5-(2-氯-α-,α,α-三氟-对-甲苯氧基）α-2-硝基苯基甲氢-3-呋喃醚。

手性特征 具有一个手性碳，含有一对对映体。

理化性质 黄色晶体，熔点 73～75℃，水中溶解度为 0.4mg/L。

对映体性质差异 未见报道。

用途 水稻芽前、芽后早期防除稗草等一年生杂草及某些多年生杂草。

登记信息 在中国、美国、韩国、澳大利亚、印度、巴西、加拿大等国家未登记，欧盟未批准。

氟吡甲禾灵（haloxyfop-methyl）

$C_{16}H_{13}ClF_3NO_4$，375.73，69806-40-2

化学名称 （2*RS*)-2-[4-(3-氯-5-三氟甲基-2-吡啶氧基）苯氧基] 丙酸甲酯。

手性特征 具有一个手性碳，含有一对对映体。

理化性质 熔点 55～57℃，相对密度 1.36，沸点 390.8℃ （760mmHg），闪点 190.2℃。

毒性 急性口服 LD_{50}：大鼠 393mg/kg。

对映体性质差异 *R* 体高效。

用途 杂环氧基苯氧基脂肪酸类苗后选择性除草剂，作用机理是抑制脂肪酸合成，具有内吸传导作用，茎叶处理后很快被杂草吸收并传输到整个植株，水解成酸，抑制根和茎的分生组织生长，导致死亡。主要用于防治大豆、棉花、花生、油菜、亚麻等多种阔叶作物田中的马唐、看麦娘、牛筋草、稗草、狗尾草、千金子等一年生禾本科杂草，以及芦苇、狗牙根、白茅、荻草等多年生禾本科杂草。使用时，一般每亩地用 20～30mL 药剂兑水 20kg 左右直接喷洒在杂草上面即可。

农药剂型 10.8%乳油。

登记信息 在中国、美国、韩国、澳大利亚、印度、巴西、加拿大等国家未登记，欧盟未批准。

氟吡乙禾灵（haloxyfop -etotyl）

$C_{19}H_{19}ClF_3NO_5$，433.81，87237-48-7

化学名称 (2RS)-2-[4-(3-氯-5-三氟甲基-2-吡啶氧基) 苯氧基] 丙酸乙氧乙酯。

手性特征 具有一个手性碳，含有一对对映体。

理化性质 闪点大于 100℃。

毒性 急性口服 LD_{50}：大鼠 518～531mg/kg。急性经皮 LD_{50}：兔＞5000mg/kg。急性口服 LD_{50}：野鸭＞2150mg/kg。对鸟类低毒，对水生无脊椎动物和鱼类有中等毒性。

对映体性质差异 未见报道。

用途 杂环氧基苯氧基脂肪酸类苗后选择性除草剂，主要用于防治大豆、棉花、花生、油菜、亚麻等多种阔叶作物田中马唐、看麦娘、牛筋草、稗草、狗尾草、千金子等一年生禾本科杂草。作用机理是抑制脂肪酸合成。使用时于苗后禾本科杂草 3～5 叶期施药。防除一年生禾本科杂草，每亩用 12.5%乳油 40～50mL；防除多年生禾本科杂草，每亩用 50～100mL，喷雾施药。

农药剂型 12.5%乳油。

登记信息 在中国、美国、韩国、澳大利亚、印度、巴西、加拿大等国家未登记，欧盟未批准。

氟啶草酮（fluridone）

C_{19}H_{14}F_3NO, 329.32, 59756-60-4

$C_{19}H_{14}F_3NO$, 329.32, 59756-60-4

化学名称　1-甲基-3-苯基-5-(3-三氟甲基苯基)-4（1H)-吡啶酮。

手性特征　具有一个手性轴，含有一对对映体。

理化性质　熔点 154～155℃。

毒性　急性口服 LD_{50}：大鼠＞10mg/kg。

对映体性质差异　未见报道。

用途　水稻移栽田除草剂，主要防治莎草、阔叶杂草等，喷雾施药，用药量 70～100g/亩。

农药剂型　50％水剂。

登记信息　在美国登记，中国、韩国、澳大利亚、印度、巴西、加拿大等国家未登记，欧盟未批准。

氟咯草酮（fluorochloridone）

$C_{12}H_{10}Cl_2F_3NO$, 312.1, 61213-25-0

化学名称　(3RS，4RS)-3-氯-4-氯甲基-1-(α,α,α-三氟-间-甲苯基)-2-吡咯烷酮。

手性特征　具有两个手性碳，含有两对对映体。

理化性质　原药为棕色固体，熔点 42～73℃。20℃水中溶解度为 28mg/L，易溶于丙酮、氯苯、二甲苯、乙醇 100～150g/L。稳定性：DT_{50} 为 7d（60℃、pH4）、18d（60℃、pH7）。

毒性　急性经口 LC_{50}：雄大鼠 4g/kg，雌大鼠 3.65g/kg，日本鹌鹑＞2150mg/kg，野鸭和日本鹌鹑＞5g/kg 饲料。急性经皮 LC_{50}：兔＞5g/kg。急性吸入 LC_{50}：大

鼠＞0.121mg/L 空气。急性毒性 LC$_{50}$（96h）：虹鳟 3.0mg/L，蓝鳃太阳鱼 5mg/L，水蚤 5.1mg/L。对蜜蜂无害，LC$_{50}$ 为（接触和经口）＞100μg/蜜蜂。Ames 试验和小鼠淋巴组织试验结果表明，无致突变性。

对映体性质差异　未见报道。

用途　属吡咯烷酮类芽前除草剂，主要用于防除冬麦田、棉田的繁缕、堇菜、常春藤叶婆婆纳、反枝苋、马齿苋、龙葵、猪殃殃、水苦荬等，并可防除马铃薯和胡萝卜田的各种阔叶杂草。使用时以 500～750g（有效成分）/hm^2 芽前施用。

农药剂型　25％乳油及可湿性粉剂。

登记信息　在中国、美国、韩国、澳大利亚、印度、巴西、加拿大等国家未登记，欧盟未批准。

氟萘草酯（SN106279）

C$_{21}$H$_{16}$ClF$_3$O$_4$，424.8，103055-25-0

化学名称　(2R)-2-[7-(2-氯-α,α,α-三氟-对-甲苯氧基)-萘-2-基氧] 丙酸甲酯。

手性特征　有一个手性碳，含有一对对映体。工业品为 R 体。

理化性质　黄色液体。蒸气压 0.00239mPa（25℃）。溶解度（20℃）：水 0.7mg/L、乙醇 870g/L、甲醇 850g/L、丙酮 870g/L。

毒性　急性经口 LD$_{50}$：大鼠＞400mg/kg。急性经皮 LD$_{50}$：大鼠＞400mg/kg。

对映体性质差异　R 体高效。

用途　主要用于防除越冬禾谷类作物田中婆婆纳属、堇菜属及其他阔叶杂草等。

登记信息　在中国、美国、韩国、澳大利亚、印度、巴西、加拿大等国家未登记，欧盟未批准。

禾草灵（diclofop-methyl）

C$_{16}$H$_{14}$Cl$_2$O$_4$，341.2，51338-27-3

化学名称 （2RS)-2-[4-(2′,4′-二氯苯氧基）苯氧基] 丙酸甲酯。

其他名称 伊洛克桑。

手性特征 具有一个手性碳，含有一对对映体。

理化性质 纯品为无色无臭固体，相对密度 1.3（40℃），熔点 39～41℃，沸点 175～176℃（13.3Pa，0.1mmHg），蒸气压 0.25mPa（20℃）。22℃时在水中溶解度为 3mg/L。20℃时能溶于丙酮、乙醚、二甲苯等有机溶剂。

毒性 急性经口 LD_{50}：大鼠 580mg/kg。急性经皮 LD_{50}：大鼠＞5000mg/kg。

对映体性质差异 R 体对橡树根有抑制作用，而 S 体几乎没有；对海藻毒性 S 体大于 R 体[5,6]。

用途 内吸性除草剂，该除草剂可通过根及叶被杂草吸收。主要用于防除春小麦田野燕麦及其他一年生禾本科杂草，如稗草、蟋蟀草、牛毛草、看麦娘、宿根高粱、马唐和狗尾草等。使用时用药量为 28%乳油 200～233.3mL/亩，茎叶喷雾。

农药剂型 28%、36%乳油。

登记信息 在中国、美国、印度、澳大利亚等国家登记，韩国、巴西、加拿大等国家未登记，欧盟批准。

禾草灭（alloxydim -sodium）

$C_{17}H_{24}NNaO_5$, 323.38, 55

化学名称 （E)-(4RS)-甲氧甲酰-5,5-二甲基-3-氧代-2-[1-(烯丙氧基亚氨基）丁基]-1-环己-1-醇钠。

手性特征 具有一个手性碳，含有一对对映体。

理化性质 白色结晶，可溶于水和甲醇。熔点＞185℃。

毒性 急性经口 LD_{50}（mg/kg)：雄大鼠 2322，雌大鼠 2260。

对映体性质差异 未见报道。

用途 主要用于防治棉花、烟草、花生、大豆、甜菜、胡萝卜、马铃薯等作物田的各种阔叶作物中防除禾本科杂草及多年生杂草，如看麦娘、马唐、雀麦、野燕麦、稗草、狗尾草、牛筋草等。使用时在 1～4 叶期施用时，用 7.5～11.3g（有效成分)/hm², 在 4～5 叶期施用时，用 11.3～15g（a.i.)/hm²。

农药剂型 75%可溶性粉剂。

登记信息 在中国、美国、韩国、澳大利亚、印度、巴西、加拿大等国家未登记，欧盟未批准。

禾草畏（esprocarb）

C₁₅H₂₃NOS，265.4，85785-20-2

化学名称 *S*-苄基-*N*-乙基-*N*-(3-甲基丁-2-基) 硫代氨基甲酸酯。

手性特征 具有一个手性碳，含有一对对映体。

理化性质 纯品为液体；相对密度 1.0353，沸点 135℃（46.6Pa），蒸气压 10.1mPa（25℃），溶解度（20℃）：水中 4.9mg/L，丙酮、乙腈、氯苯、乙醇、二甲苯均大于 1mg/kg。120℃ 稳定；在水中水解，其 DT_{50} 为 21d（pH7，25℃）；土壤中 DT_{50} 为 30～70d。

毒性 急性经口 LD_{50}：大鼠＞2000mg/kg，急性经皮 LD_{50}：大鼠＞2000；对皮肤和眼睛有轻微刺激。急性致死率 LC_{50}（96h）：鲤鱼 1.52mg/L。饲喂试验中，狗 1 年无作用剂量为 1mg/(kg·d)，大鼠 2 年无作用剂量 1.1mg/(kg·d)，无致畸和致癌作用。

对映体性质差异 未见报道。

用途 硫代氨基甲酸酯类除草剂，在稻田进行芽前和芽后处理，主要用于防除一年生杂草和稗草。单用时用药量为 4kg（a.i.）/hm²，或与苄嘧黄隆混用 2kg（a.i.）/hm²。

登记信息 在日本登记，中国、美国、韩国、澳大利亚、印度、巴西、加拿大等国家未登记，欧盟未批准。

环苯草酮（profoxydim）

C₂₄H₃₂ClNO₄S，466.03，139001-49-3

化学名称 （5RS）-2-{（EZ）-1-[（2RS）-2-(乙氧基亚氨基）丙基]}-3-羟基-5-[（3RS）-(2,4,6-三甲苯基)]环己烯-2-酮。

手性特征 具有三个手性碳，含有四对对映体。

理化性质 纯品为无色黏稠液体，185℃分解。溶解性（20℃）：水0.53mg/100g、二丙醇33g/100g、丙酮＞70g/100g、乙酸乙酯＞70g/100g。

毒性 急性经口 LD_{50}（mg/kg）：雄大鼠＞5000，雌大鼠＞3000，兔＞519，野鸭＞2000。急性经皮 LD_{50}：大鼠＞4000mg/kg。急性吸入 LC_{50}（4h）：大鼠＞5.2mg/L空气。急性经口和接触 LD_{50}（48h）：蜜蜂＞200mg/只。急性毒性 LC_{50}（14d）：蚯蚓＞1000mg/kg土。对兔皮肤和眼睛无刺激性。无致突变作用。

对映体性质差异 未见报道。

用途 主要用于稻田防除禾本科杂草如稗草、兰马草、马唐、千金子、狗尾草等，对直播水稻和移栽水稻均安全。使用剂量为50~200g（a.i.）/hm^2。

农药剂型 20%、7.5%乳油。

登记信息 在中国、美国、韩国、澳大利亚、印度、巴西、加拿大等国家未登记，欧盟批准。

环庚草醚（cinmethylin）

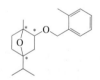

$C_{18}H_{26}O_2$，274.4，87818-31-3

化学名称 （1RS，2RS，4RS）-1-甲基-4-(1-甲基乙基)-2-(2-甲基苯基甲氧基)-7-噁二环［2,2,1］庚烷。

手性特征 具有三个手性碳，含有四对对映体。

理化性质 原药为琥珀色液体，沸点313℃，蒸气压10mPa（20℃），相对密度1.014，20℃时水中溶解度63mg/L，溶于大多数有机溶剂。正辛醇-水分配系数 $\lg K_{ow}$=6.850。在25℃，pH5~9范围内水解稳定。闪点147℃。

毒性 低毒除草剂。急性经口 LC_{50}（mg/kg）：大鼠3960，鹌鹑＞215，野鸭＞5620。急性经皮 LC_{50}：大鼠＞2g/kg。急性吸入 LC_{50}（4h）：大鼠3.5mg/L。急性毒性 LC_{50}（48h）：水蚤7.2mg/L。急性毒性 LC_{50}（mg/L）（96h）：虹鳟6.6、蓝鳃太阳鱼6.4、红鲈1.6。对兔皮肤有轻度刺激作用，对眼睛有轻度刺激作用。大鼠亚急性经口无作用剂量为300mg/kg，在大鼠体内蓄积性较小。大鼠两年喂养试验无作用剂量为 100mg/kg。对小鼠可导致肝肿瘤。

对映体性质差异　未见报道。

用途　为选择性内吸传导型芽与土壤处理剂。主要用于防治移栽水稻田的独角莲和莎草科杂草等。使用时用药量 20～100g/hm²。

农药剂型　10%乳油；可与苄嘧磺隆、三环唑制成混剂。

登记信息　在澳大利亚登记，中国、美国、韩国、印度、巴西、加拿大等国家未登记，欧盟未批准。

环酯草醚（pyriftalid）

C₁₅H₁₄N₂O₄S, 318.40, 135186-78-6

化学名称　7-［（4,6-二甲基-2 嘧啶基）硫］-3-甲基-1（3H）-异丙并呋喃酮。

手性特征　具有一个手性碳，含有一对对映体。

理化性质　原药外观为浅褐色细粉末；有机溶剂中溶解度（25℃）：二氯甲烷 99g/L、丙酮 14g/L、乙酸乙酯 6.1g/L、甲苯 4.0g/L、甲醇 1.4g/L、辛醇 400mg/L、己烷 30mg/L；在空气中稳定，对热稳定。

毒性　急性经口 LD₅₀：大鼠＞5000mg/kg。急性经皮 LD₅₀：大鼠＞2000mg/kg。急性吸入 LC₅₀：大鼠＞5540mg/m³。大鼠 90d 亚慢性喂养毒性试验最大无作用剂量：雄性大鼠为 23.8mg/（kg·d），雌性大鼠为 25.5mg/（kg·d）。对兔皮肤、眼睛无刺激性。Ames 试验、小鼠骨髓细胞微核试验、体内 UDS 试验、体外哺乳动物细胞染色体畸变试验均为阴性，未见致突变作用。

对映体性质差异　未见报道。

用途　水稻苗后早期广谱除草剂，主要用于防治水稻田移栽田一年生禾本科、莎草科及部分阔叶杂草，使用时用药量 24.3%悬浮剂 50～80mL/亩，茎叶喷雾。

农药剂型　24.3%悬浮剂。

登记信息　在中国登记，美国、韩国、澳大利亚、印度、巴西、加拿大等国家未登记，欧盟未批准。

甲基胺草磷（amiprophos -methyl）

$$C_{11}H_{17}N_2O_4PS, 304.3, 36001-88-4$$

化学名称 O-(2-硝基-4-甲苯基)-O-甲基-N-异丙基硫代磷酰胺酯。

手性特征 具有一个手性磷，含有一对对映体。

理化性质 淡黄色固体，熔点 64～65℃，在水中溶解度 10mg/L，在通常条件下稳定。

毒性 急性口服 LC_{50}：小鼠 570mg/kg，大鼠 1200mg/kg。

对映体性质差异 未见报道。

用途 选择性芽前土壤处理除草剂，用于防治稗草、马唐、早熟禾、看麦娘、马齿苋、牛毛毡、鸭跖草、节节菜、陌上菜等一年生禾本科和阔叶杂草。

登记信息 在美国登记，中国、韩国、澳大利亚、印度、巴西、加拿大等国家未登记，欧盟未批准。

甲咪唑烟酸（imazapic）

$$C_{14}H_{17}N_3O_3, 275.3, 104098-48-8$$

化学名称 (RS)-2-[(4RS)-4-异丙基-4-甲基-5-氧-2-咪唑啉-2-基]-5-甲基烟酸。

手性特征 具有一个手性碳，含有一对对映体。

理化性质 纯品为灰白色或粉色固体，熔点 204～206℃。蒸气压＜1×10^{-2}mPa（25℃）。水中溶解度（20℃，去离子水）为 2.15g/L，丙酮中溶解度为 18.9mg/mL。

对映体性质差异 未见报道。

用途 主要用于花生田早期苗后除草，主要用于防治莎草科杂草、稗属杂草、决明、播娘蒿等杂草。使用时用药量为芽前土壤喷雾 $108\sim144g/hm^2$，苗后定向喷雾 $72\sim108g/hm^2$。用于防治花生田一年生杂草时，用药量为 $72\sim108g/hm^2$，喷雾使用。

农药剂型 240g/L 水剂。

登记信息 在中国、美国登记，韩国、澳大利亚、印度、巴西、加拿大等国家未登记，欧盟未批准。

甲氧咪草烟（imazamox）

$C_{15}H_{19}N_3O_4$，305.33，114311-32-9

化学名称 2-[(4RS)-4-异丙基-4-甲基-5-氧-2-咪唑啉-2-基]-5-甲氧基甲基烟酸。

手性特征 具有一个手性碳，含有一对对映体。

理化性质 熔点 $166\sim166.7℃$，蒸气压 $<1.3\times10^{-5}Pa$。溶解度（g/L）：二氯甲烷 143、甲醇 66.8、丙酮 29.3、乙腈 18.5、乙酸乙酯 10.2。正己烷 0.006。正辛醇-水分配系数 $lgK_{ow}=5.36$（25℃）。在 pH5、pH7.9 的缓冲液中放置 30d 不水解。对光敏感。

毒性 急性经口 LD_{50}：大鼠和小鼠 $>5000mg/kg$，鹌鹑 $>1846mg/kg$。急性经皮 LD_{50}：兔 $>4000mg/kg$。急性致死 LC_{50}（96h）：虹鳟鱼 122mg/L。对皮肤和眼睛无刺激性。动物试验无致畸、致突变性。由于对哺乳动物毒性极低，使用和贮存很安全。

对映体性质差异 R 体对玉米幼苗的毒性大于 S 体[7]。

用途 广谱、高活性咪唑啉酮类除草剂。主要用于防治大多数阔叶杂草，对某些难治杂草，如卷茎蓼、苣荬菜、打破碗碗花、鼬瓣草、鸭跖草、龙葵等防效较好，且对稗草、野燕麦、狗尾草、看麦娘等禾本科杂草也有良好的防效。使用时用药量 $45\sim50g/hm^2$，播后苗前土壤喷雾。

农药剂型 4%水剂；可与咪唑乙烟酸制成混剂。

登记信息 在中国、美国、加拿大、印度、澳大利亚等国家登记，韩国、巴西等国家未登记，欧盟批准。

卡草胺（carbetamide）

$C_{12}H_{16}N_2O_3$，236.3，16118-49-3

化学名称　（2R)-N-乙基-2-(苯氨基羰基氧基）丙酰胺。

其他名称　长杀草。

手性特征　具有一个手性碳，含有一对对映体。

理化性质　无色结晶，相对密度 0.5，熔点 119℃。20℃时在水中的溶解度约为 3.5g/L，易溶于有机溶剂，无腐蚀性。常温下稳定。

毒性　对人畜低毒。急性经口 LD_{50}（g/kg）：大鼠 2，小鼠 1.72。急性经皮 LD_{50}（mg/kg）：兔 500。急性致死 LD_{50}（mg/kg）：鳟鱼 6.5，蓝鳃太阳鱼 20，大头鱼 17。

对映体性质差异　R 体高效。

用途　选择性苗后处理剂，也可芽前施药。主要用于防除三叶草、紫花苜蓿、红豆草、芸薹属、菜豆、豌豆、小扁豆、甜菜、油菜、菊苣、宿根菜、向日葵、香菜、草莓、葡萄藤和果园的一年生禾本科植物和一些阔叶杂草。

登记信息　在澳大利亚登记，中国、美国、韩国、印度、巴西、加拿大等国家未登记，欧盟批准。

喹禾糠酯（quizalofop -tefuryl）

$C_{22}H_{21}N_2ClO_5$，428.9，119738-06-6

化学名称　2-[4-(6-氯喹喔啉-2-氧基）苯氧基] 丙酸-2-四氢呋喃甲基酯。

其他名称　喹禾糠酯。

手性特征　具有两个手性碳，含有两对对映体。

理化性质　琥珀色黏稠液体，相对密度 1.316（24℃），略有气味。25℃溶解性：甲苯 652g/L、己烷 12g/L、甲醇 64g/L、水 0.04mg/L。

毒性 急性经口 LD_{50}：大鼠 1140mg/kg，鹌鹑和野鸭 >5g/L。急性经皮 LD_{50}：兔 >2g/kg。对蜜蜂的接触 LD_{50}（48h）：>0.1mg/只。对皮肤无刺激作用，对兔眼睛有中等刺激作用，对豚鼠皮肤无过敏性。

对映体性质差异 未见报道。

用途 主要用于防除一年生和多年生杂草。使用时在杂草 3 片叶至分蘖末期施药，用药量为 $30\sim90g$（a.i.）/hm^2；防除多年生杂草用药量为 $70\sim150g$（a.i.）/hm^2。

登记信息 在中国登记，美国、日本、韩国、澳大利亚、印度、巴西、加拿大等国家未登记，欧盟未批准。

喹禾灵（quizalofop-ethyl）

$C_{19}H_{17}ClN_2O_4$，372.8，76578-14-8

化学名称 （2RS）2-[4-(6-氯-2-喹恶啉基氧代)-苯氧基] 丙酸乙酯。

其他名称 喹乐灵；禾草克。

手性特征 具有一个手性碳，含有一对对映体。

理化性质 白色粉末结晶，熔点 $91.7\sim92.1℃$，沸点 220℃（26.66Pa），蒸气压 8.66×10^{-4}mPa（20℃）。20℃时溶解性（g/L）：水 0.0003、丙酮 650、乙醇 22、己烷 2.6、二甲苯 360。

毒性 急性经口 LD_{50}（mg/kg）：雄大鼠 1210、雌大鼠 1182，雄小鼠 1753，雌小鼠 1805。急性经皮 LD_{50}（mg/kg）：大鼠 >2000。急性致死 LC_{50}（mg/L）：鲤鱼 0.6（48h）、虹鳟 10.7（96h）、水虱 2.1（96h）。90d 饲喂无作用剂量：大鼠 128mg/kg 饲料。Ames 试验表明无诱变性。

对映体性质差异 R 体高效。

用途 苯氧脂肪酸类除草剂，选择性内吸传导型茎叶处理剂，主要用于棉花、大豆、油菜、花生、亚麻、苹果、葡萄、甜菜及多种阔叶蔬菜作物地防除单子叶杂草。使用时棉花田用药量为 $75\sim120g/hm^2$；大豆 $90\sim150g/hm^2$；甜菜 $120\sim150g/hm^2$，喷雾使用。

农药剂型 5%、10%乳油；可与草除灵、胺苯磺隆、三氟羧草醚、乳氟禾草灵制成混剂。

登记信息　在中国、澳大利亚、加拿大登记，美国、韩国、印度、巴西等国家未登记，欧盟未批准。

另丁津（sebuthylazine）

$C_9H_{16}ClN_5$，229.7，7286-69-3

化学名称　2-氯-4-乙胺基-6-另丁胺基-1,3,5-三嗪。

手性特征　具有一个手性碳，含有一对对映体。

毒性　急性经口 LD_{50}：大鼠 2900mg/kg。

对映体性质差异　未见报道。

用途　除草剂，用于玉米、棉花、大豆中芽前芽后防除一年生禾本科杂草及阔叶杂草。

登记信息　在中国、美国、韩国、澳大利亚、印度、巴西、加拿大等国家未登记，欧盟未批准。

麦草伏（flamprop）

$C_{16}H_{13}ClFNO_3$，321.74，58667-63-3

化学名称　(2RS)-2-(N-苯甲酰-3-氯-4-氟苯胺基) 丙酸。

手性特征　具有一个手性碳，含有一对对映体。

对映体性质差异　未见报道。

使用　用于防治小麦田中野生燕麦等杂草。

登记信息　在中国、美国、韩国、澳大利亚、印度、巴西、加拿大等国家未登记，欧盟未批准。

麦草伏甲酯（flamprop-methyl）

$C_{17}H_{15}ClFNO_3$，340.8，52756-25-9

化学名称 （2RS)-2-(N-苯甲酰-3-氯-4-氟苯胺基）丙酸甲酯。

其他名称 甲氟胺；燕特灵。

手性特征 具有一个手性碳，含有一对对映体。

理化性质 灰白色结晶粉末，熔点 81～82℃。20℃溶解度：水 35mg/L、丙酮＞500g/kg、邻二甲苯 250g/kg、环己酮 414g/kg。在 pH4～5 时对水解稳定，光化学稳定。

毒性 急性口服 LD_{50}：大鼠＞5g/kg；鸡＞1g/kg。

对映体性质差异 未见报道。

用途 选择性芽后除草剂，用于麦田、谷物田防除野燕麦。

登记信息 在澳大利亚登记，中国、美国、韩国、印度、巴西、加拿大等国家未登记，欧盟未批准。

麦草伏异丙酯（flamprop-isopropyl）

$C_{19}H_{19}ClFNO_3$，363.5，52756-22-6

化学名称 （2RS)-2-(N-苯甲酰-3-氯-4-氟苯胺基）丙酸异丙酯。

其他名称 氟燕灵；异丙草氟安；保农；乙丙甲氟胺。

手性特征 具有一个手性碳，含有一对对映体。

理化性质 灰白色结晶粉末，熔点 56～57℃。在 20℃ 的水中溶解度为 18mg/L，可溶于丙酮、二甲苯、环己酮等有机溶剂，在正常贮存条件下稳定。

毒性 急性口服 LD_{50}：大鼠＞3g/kg，小鼠＞2.5g/kg，鸡＞1g/kg。急性

经皮 LD_{50}：大鼠＞3g/kg。对鱼毒性中等到低毒。500mg/L 对大鼠进行 13 周饲喂，未见中毒症状。

对映体性质差异 未见报道。

用途 触杀型选择性芽后除草剂，用于麦田防除一年生禾本科杂草和某些阔叶杂草。

登记信息 在中国、美国、韩国、澳大利亚、印度、巴西、加拿大等国家未登记，欧盟未批准。

咪唑喹啉酸（imazaquin）

$$C_{17}H_{17}N_3O_3，311.34，81335-37-7$$

化学名称 2-［(5RS)-5-异丙基-5-甲基-4-氧代-2-咪唑啉-2-基］喹啉-3-羧酸。

手性特征 具有一个手性碳，含有一对对映体。

理化性质 工业品为白色或淡黄色固体粉末，熔点 219～222℃，相对密度 1.383，蒸气压＜0.013mPa（60℃）。溶解度（25℃）：水 60mg/L、二氯甲烷 14g/L、二甲基甲酰胺 68g/L、二甲基亚砜 159g/L、甲苯 0.4g/L。稳定性：在 45℃稳定 3 个月，室温下稳定 2 年，在暗处，pH5～9 条件下稳定＞30d，在土壤中 DT_{50} 为 30～90d。

毒性 低毒。急性经口 LC_{50}：大鼠＞5000mg/kg，鹌鹑和野鸭＞2150mg/kg。急性经口 LC_{50}：雌小鼠 2363mg/kg。急性经皮 LC_{50}：兔＞2000mg/kg。急性致死 LC_{50}（96h）：鲇鱼 320mg/L、蓝鳃太阳鱼 410mg/L、虹鳟鱼 280mg/L。急性接触 LC_{50}：蜜蜂＞0.1mg/只。对鼠、兔皮肤有轻微刺激作用，但对眼睛无刺激作用。大鼠 90d 饲喂试验的无作用剂量为 10000mg/kg。Ames 试验阴性。

对映体性质差异 未见报道。

用途 属咪唑啉酮类除草剂。主要用于防治大豆田的阔叶杂草、禾本科杂草及苔草。使用时可以植前、芽前和芽后施用，用药量为 15%水剂 60～70g/亩，茎叶喷雾。

农药剂型 5%水剂；可与咪唑乙烟酸、精喹禾灵、乙羧氟草醚、异噁草松制成混剂。

登记信息 在中国登记，美国、韩国、澳大利亚、印度、巴西、加拿大等国家未登记，欧盟未批准。

咪唑烟酸（imazapyr）

C₁₃H₁₅N₃O₃，261.3，81334-34-1

化学名称 2-[(4RS)-4-异丙基-4-甲基-氧代-2-咪唑啉-2-基]吡啶-3-羧酸。

手性特征 具有一个手性碳，含有一对对映体。

理化性质 无色固体，熔点 128~130℃，蒸气压 0.013mPa（60℃）。溶解性（15℃）：水 9.74g/L、丙酮 6g/L、乙醇 72g/L、二氯甲烷 72g/L。有腐蚀性。弱酸性稳定，强碱下分解。

毒性 急性经口 LD_{50}：大鼠＞5000mg/kg。急性致死 LC_{50}（96h）：虹鳟、鲇鱼＞100mg/L。

对映体性质差异 （＋）-灭草烟对拟南芥总叶绿素的影响和对乙酰乳酸合酶（ALS）活性的抑制作用强于（－）-灭草烟[12]。

用途 属咪唑啉酮类新型广谱除草剂，可防除一年生和多年生阔叶杂草，以及苔草和木本植物。芽前和芽后使用，在春大豆田使用时，用药量 75~100.5g/hm²，土壤或茎叶喷雾。

农药剂型 5％、10％、15％、20％水剂；70％可湿性粉剂；70％可溶粉剂；16％颗粒剂；5％微乳剂；可与精喹禾灵、氟磺胺草醚、异噁草松、灭草松、二甲戊灵、咪唑喹啉酸制成混剂。

登记信息 在中国、美国、加拿大、澳大利亚登记，韩国、印度、巴西等国家未登记，欧盟未批准。

咪唑乙烟酸（imazethapyr）

C₁₅H₁₉N₃O₃，289.3，81335-77-5

化学名称　5-乙基-2-[(4RS)-4-异丙基-4-甲基-5-氧代-2-咪唑啉-2-基]烟酸。

其他名称　咪草烟；普杀特；豆草唑；灭草烟。

手性特征　具有一个手性碳，含有一对对映体。

理化性质　无色晶体，无臭，熔点 $169\sim174℃$。$180℃$ 分解，蒸气压 $<0.013mPa$（$60℃$）。溶解度（g/L）（$25℃$）：水 1.4、庚烷 0.9、甲醇 105、异丙醇 17、丙酮中 48.2、二氯甲烷中 185、二氯亚甲砜 422、甲苯 5。遇日光迅速降解，在土壤中 DT_{50} 为 $30\sim90d$。有腐蚀性。

毒性　急性经口 LC_{50}（g/kg）：大鼠 >5，雌小鼠 >5，鹌鹑和野鸭 >2.15。急性经皮 LC_{50}：兔 $>2g/kg$。急性致死 LC_{50}（mg/L）（96h）：蓝鳃太阳鱼 420、鲇鱼 240、虹鳟 340。急性毒性 LC_{50}（48h）：水蚤 $<1g/L$。急性毒性 LC_{50}：蜜蜂 $>0.1mg/$只。对皮肤有轻微刺激作用，对兔眼睛的刺激是可逆的。饲喂试验的无作用剂量：大鼠（2 年）和狗（1 年）$>10g/kg$ 饲料。Ames 试验表明无诱变性。

对映体性质差异　R 体的除草活性比 S 体更强[8]。R 体对拟南芥中叶绿素合成的抑制作用大于 S 体[9]。R 体对拟南芥花器官发育和繁殖的毒性强于 S 体[10]。与 R 体相比，S 体会诱导小鼠肝脏产生更强烈的氧化应激效应[11]。

用途　内吸传导型选择性芽前及早期苗后除草剂。主要用于防除稗、黍、金狗尾、绿狗尾、马唐、千金子、双色高粱以及小苋、曼陀罗、龙葵、苍耳、苘麻、鸭跖草、碎米莎草、反枝苋、蓼和藜等单、双子叶杂草。对凤眼莲、小浮莲等水生杂草也有很好的防效。对蒺藜、牵牛花防效差，对马利筋、决明、田菁等无效。在春大豆田使用时，用药量 $75\sim100.5g/hm^2$，土壤或茎叶喷雾。

农药剂型　5%、10%、15%、20% 水剂，70% 可湿性粉剂，70% 可溶粉剂，16% 颗粒剂，5% 微乳剂。可与精喹禾灵、氟磺胺草醚、异噁草松、灭草松、二甲戊灵、咪唑喹啉酸制成混剂。

登记信息　在中国、美国、加拿大、印度、澳大利亚等国家登记，韩国、巴西等国家未登记，欧盟未批准。

灭草环（tridiphane）

$C_{10}H_7Cl_5O$，320.4，58138-08-2

化学名称 (2RS)-2-(3,5-二氯苯基)-2-(2,2,2-三氯乙基)环氧乙烷。

手性特征 具有一个手性碳，含有一对对映体。

理化性质 无色结晶体，熔点 42.8℃，闪点 46.7℃，蒸气压 29mPa（25℃）。25℃下溶解度：水 1.8mg/L、丙酮中 9.1kg/kg、氯苯中 5.6kg/kg、二氯甲烷中 7.1kg/kg、甲醇中 980g/kg、二甲苯中 4.6kg/kg。有氧条件下在土壤中 26d 降解 50%。

毒性 急性经口 LD_{50}（mg/kg）：大鼠 1743~1918，野鸭 >2510，鹌鹑 5620。急性经皮 LD_{50}（mg/kg）：兔 3536。急性致死 LC_{50}（mg/L）（96h）：虹鳟鱼 0.53，蓝鳃太阳鱼 0.37。对眼和皮肤中等刺激，对皮肤有潜在的致敏性。

对映体性质差异 未见报道。

用途 选择性除草剂，用于玉米田中防除苗期禾本科杂草和阔叶杂草。使用时，出苗后与三嗪类除草剂混用。

登记信息 在美国登记，中国、韩国、澳大利亚、印度、巴西、加拿大等国家未登记，欧盟未批准。

哌草磷（piperophos）

$C_{14}H_{28}NO_3PS_2$，353.5，24151-93-7

化学名称 S-2-甲基-哌啶基羰基甲基-O,O-二丙基二硫代磷酸酯。

手性特征 具有一个手性碳，含有一对对映体。

理化性质 室温下为黄棕色油状液体，相对密度 1.13，蒸气压为 0.032mPa，在达到沸点前即分解，在 20℃水中的溶解度为 25mg/L，可与大多数有机溶剂相混溶。在正常贮存条件下稳定，在 pH9 时缓慢水解。DT_{50}（20℃）>200d（pH5~7）、178d（pH9）。

毒性 急性口服 LC_{50}：大鼠 324mg/kg，日本鹌鹑 11.63mg/kg，蜜蜂 >22μg/只。急性经皮 LD_{50}：大鼠 >2150mg/kg。急性吸入 LC_{50}（1h）：大鼠 >1.96mg/L 空气。急性接触 LC_{50}：30μg/只，蚯蚓 180mg/kg 土。急性致死 LC_{50}（48h）：水蚤 0.0033mg/L。急性致死 LC_{50}（96h）：虹鳟 6mg/L，欧洲鲫鱼 5mg/L。对兔眼睛稍有刺激，对皮肤无刺激性。

对映体性质差异 未见报道。

用途 防除一年生和多年生杂草。对双子叶杂草防效差。使用时，在水稻田施用 50％浓乳剂 133～200mL/亩，拌混细土或潮砂土 15～20kg，均匀撒施，或者加水 40～50kg，用一般扇形喷头的喷雾器均匀喷雾，施药时田间保持水层 3cm 左右，药后 5～7d 只灌不排，以后按照正常水管理，稻田内水深度变化对除草效果影响不大，但用药后的几天内排水则会影响除草效果。

农药剂型 50％浓乳剂。

登记信息 在中国、美国、韩国、澳大利亚、印度、巴西、加拿大等国家未登记，欧盟未批准。

氰氟草酯（cyhalofop-butyl）

$C_{20}H_{20}FNO_4$，357.38，122008-85-9

化学名称 (2R)-2-[4(4-氰基-2-氟苯氧基）苯氧基]-丙酸丁酯。

手性特征 具有一个手性碳，含有一对对映体。

理化性质 原药为白色结晶固体，工业品为 R 体。相对密度为 1.2375（20℃），沸点 363℃，熔点 48～49℃，蒸气压 $8.8×10^{-9}$ mmHg（20℃），溶于大多数有机溶剂中：乙腈 57.3％、甲醇 37.3％、丙酮 60.7％、三氯甲烷 59.4％，不溶于水。

毒性 低毒除草剂。急性经口 LD_{50}：大鼠＞5000mg/kg。急性经皮 LD_{50}：大鼠＞2000mg/kg。对皮肤无刺激作用，对眼睛有轻微刺激。无致癌、致畸、致突变作用。

对映体性质差异 R 体为主要活性体。

用途 属芳氧基苯氧基丙酸类除草剂。水稻田选择性除草剂，只能作茎叶处理，芽前处理无效，主要防除稗草、千金子等禾本科杂草。使用时用药量 90～105g/hm^2，茎叶喷雾。

农药剂型 10％、15％乳油；10％水乳剂；10％微乳剂；20％可湿性粉剂；30％、40％可分散油悬浮剂；可与二氯喹啉酸、精噁唑禾草灵、吡嘧磺隆、双草醚、五氟磺草胺、噁唑酰草胺、苄嘧磺隆、嘧啶肟草醚、氯氟吡氧乙酸异辛酯、异噁草松制成混剂。

登记信息 在中国、美国、印度、澳大利亚等国家登记，韩国、巴西、加拿大等国家未登记，欧盟批准。

炔草胺（flumipropyn）

C~18~H~15~ClFNO~3~，347.77，84478-52-4

化学名称　N-[4-氯-2-氟-5-(1-甲基丙炔-2-基氧）苯基]-3，4，5，6-四氢苯邻二甲酰亚胺。

手性特征　具有一个手性碳，含有一对对映体。

理化性质　白色或浅棕色结晶固体，熔点 115～116.5℃，相对密度 1.39，蒸气压 0.28mPa（20℃）。溶解度：水<1mg/L、丙酮>50g/kg、二甲苯 200～300g/kg、甲醇 50～100g/kg、正己烷<10g/kg、乙酸乙酯 330～500g/kg。

毒性　急性经口 LC_{50}：大鼠>5g/kg。急性经皮 LD_{50}：大鼠>2g/kg。急性致死 LC_{50}（48h）：鳟鱼>0.1mg/L，鲤鱼>0.1mg/L。对兔皮肤无刺激作用，对兔眼睛有轻微刺激作用。Ames 试验表明无突变性。

对映体性质差异　未见报道。

用途　触杀型除草剂，防除苘麻、番薯属、龙葵、芥、母菊、田野勿忘草、野生萝卜、繁缕、阿拉伯婆婆纳和堇菜，对猪殃殃也有一定防效。

农药剂型　40%悬乳剂。

登记信息　在中国、美国、韩国、澳大利亚、印度、巴西、加拿大等国家未登记，欧盟未批准。

炔草隆（buturon）

C~12~H~13~ClN~2~O，236.7，3766-60-7

化学名称　3-(4-氯苯基)-1-甲基-1-(1RS)-(1-甲基丙炔-2-基）脲。

手性特征　具有一个手性碳，含有一对对映体。

理化性质　白色固体，熔点 145～146℃。20℃在水中的溶解度为 30mg/L，丙酮为 27.9%，苯为 0.98%，甲醇为 12.8%。在正常状态下稳定，在沸水中缓慢分解。

毒性 急性经口 LD_{50}：大鼠 3000mg/kg。

对映体性质差异 未见报道。

用途 主要用于在芽前及芽后防除谷物及玉米田中的禾本科杂草和阔叶杂草。使用时用药量为每公顷 0.5～1.5kg。

登记信息 在中国、美国、韩国、澳大利亚、巴西、印度、加拿大等国家未登记，欧盟未批准。

炔草酯（clodinafop -propargyl）

$C_{17}H_{13}ClFNO_4$，349.8，105512-06-9

化学名称 (2RS)-2-[4-(5-氯-3-氟-2-吡啶氧基) 苯氧基] 丙酸炔丙基酯。

其他名称 炔草酸；炔草酸酯。

手性特征 具有一个手性碳，含有一对对映体。

理化性质 无色结晶，相对密度 1.37（20℃），熔点 59.3℃。蒸气压 3.19×10^{-3} mPa（25℃），20℃水中溶解 2.5mg/L，在其他溶剂中的溶解度（g/100g）（25℃）：甲苯 690、丙酮 880、乙醇 97、正己烷 0.0086。在酸性介质中相对稳定，水解 DT_{50}（25℃）：64h（pH7）、2.2h（pH9）。

毒性 急性经口 LD_{50}：大鼠 > 1829mg/kg。急性经口 LD_{50}：小鼠 > 2000mg/kg。急性经皮 LD_{50}：大鼠 > 2000。对兔眼和皮肤无刺激性。

对映体性质差异 R 体高效，工业品为 R 体。

用途 对鼠尾秀麦娘、燕麦、黑麦草和狗尾草有优异的防效。在春小麦田使用时，用药量为 30～45g/hm²；冬小麦田用药量为 45～67.5g/hm²，茎叶喷雾。

农药剂型 8%、24% 乳油；15%、20% 可湿性粉剂；8%、15% 水乳剂；15% 微乳剂；8% 可分散油悬浮剂；可与异丙隆、氟唑磺隆、氯氟吡氧乙酸异辛酯、唑草酮、唑啉草酯、甲基二磺隆、苄嘧磺隆、苯磺隆、精噁唑禾草灵、氯氟吡氧乙酸、2 甲 4 氯钠、乙羧氟草醚制成混剂。

登记信息 在中国、美国、加拿大、印度、澳大利亚等国家登记，韩国、巴西等国家未登记，欧盟批准。

乳氟禾草灵（lactofen）

$C_{19}H_{15}ClF_3NO_7$，461.8，77501-63-4

化学名称 O-[5-（2-氯-4-三氟甲基苯氧基）-2-硝基苯甲酰基]-DL-乳酸乙酯。

其他名称 克阔乐。

手性特征 具有一个手性碳，含有一对对映体。

理化性质 原药为深红色液体，易燃，相对密度为1.222，20℃时蒸气压为0.66～0.8kPa。20℃在水中溶解度＜1mg/L，易溶于二甲苯。

毒性 该药对人畜低毒。急性口服LD_{50}：大鼠5g/kg。急性经皮LD_{50}：家兔2g/kg。对眼睛有中等刺激作用。

对映体性质差异 乳氟禾草灵对大型溞的毒性R-（－）-体＞S-（＋）-体[13]。R-（－）-体对斜生栅藻的毒性大于S-（＋）-体[14]。S体对青萍的毒性大于R体[15]。

用途 二苯醚类除草剂，为选择性芽前和芽后除草剂，用于禾谷类作物、玉米、棉花、花生、番茄、水稻、大豆田防除杂草。在夏大豆田、花生田使用时，用药量为240g/L乳油15～30mL/亩；春大豆田用药量为30～45mL/亩，茎叶喷雾。

农药剂型 240g/L乳油；可与精喹禾灵、氟磺胺草醚制成混剂。

登记信息 在中国、美国登记，韩国、澳大利亚、印度、巴西、加拿大等国家未登记，欧盟未批准。

噻草酮（cycloxydim）

$C_{17}H_{27}NO_3S$，325.5，101205-02-1

化学名称 (5RS)-2-[(EZ)-1-(乙氧亚氨基)丁基]-3-羟基-5-[(3RS)-3-基环己基]噻烷-2-烯酮。

手性特征 具有两个手性碳，含有两对对映体。

理化性质 黄色固体，熔点 37～39℃，蒸气压 0.01mPa（20℃）。相对密度 1.12（20℃）。20℃水中溶解度 40mg/L，易溶于大多数有机溶剂。在 30℃以上不稳定。

毒性 急性经口 LC_{50}：大鼠 5g/kg。急性经皮 LC_{50}：大鼠＞2g/kg。急性吸入 LC_{50}（4h）：大鼠 5.28mg/L。急性致死 LC_{50}（96h）：鳟鱼 220mg/L，蓝鳃太阳鱼＞100mg/L。急性致死 LC_{50}（48h）：水蚤 132mg/L。对蜜蜂无毒，LC_{50} 为＞100μg/只。饲喂试验无作用剂量：大鼠为 7mg/(kg·d)，小鼠为 32mg/(kg·d)。对兔皮肤和眼睛无刺激。对人的 ADI 为 0.07mg/kg。

对映体性质差异 未见报道。

用途 属环己烯酮类除草剂，作用机理为抑制有丝分裂，选择性芽后除草剂。可防除一年生和多年生禾本科杂草，如野燕麦、鼠尾看麦娘、黑麦草、剪股颖、野麦属的匍匐野麦和田中自生的禾谷类作物。

登记信息 在中国、美国、韩国、澳大利亚、印度、巴西、加拿大等国家未登记，欧盟批准。

噻唑禾草灵（fenthiaprop）

$C_{18}H_{16}ClNO_4S$，377.8，93921-16-5

化学名称 (2RS)-2-[4-(6-氯-1,3-苯并噻唑-2-基氧)苯氧基]丙酸乙酯。

手性特征 具有一个手性碳，含有一对对映体。

理化性质 结晶固体，熔点 56.5～57.5℃。蒸气压 510nPa（20℃）。水中溶解性 0.8mg/L。

毒性 急性经口 LD_{50}（mg/kg）：雄大鼠 970，雌大鼠 919，雄小鼠 1030，雌小鼠 1170。急性经皮 LD_{50}：雌大鼠 2g/kg，兔 628mg/kg。急性经口 LD_{50}：日本鹌鹑 5g/kg。硬头鳟在 0.16mg/L 的水中（96h）未发现死亡。大鼠腹腔注射 LD_{50} 为 598～690mg/kg。对鼠、兔皮肤和眼睛有轻微刺激作用。大鼠 90d 饲喂试验的无作用剂量为 50mg/kg 饲料，狗为 125mg/kg 饲料，250mg/kg 饲料时引起狗呕吐。Ames 试验表明无诱变性。

对映体性质差异　未见报道。

用途　选择性芽后除草剂，用于阔叶作物中防除一年生及多年生禾本科杂草。使用时用药量为 0.18～0.24kg/hm^2。

登记信息　在中国、美国、韩国、澳大利亚、印度、巴西、加拿大等国家未登记，欧盟未批准。

双丙氨膦（bilanafos）

C$_{11}$H$_{22}$N$_3$O$_6$P，323.3，35597-43-4（酸）
C$_{11}$H$_{21}$N$_3$NaO$_6$P，345.3，71048-99-2（钠盐）

化学名称　（2S）-4-（羟基甲基氧膦基）-L-2-氨基丁酰-L-丙氨酰基-L-丙氨酸钠。

其他名称　双丙氨酰膦。

手性特征　具有一个手性磷，三个手性碳，含有八对对映体。

理化性质　发酵过程中产生的，熔点约 160℃（分解），易溶于水，不溶于丙酮、苯、正丁醇、三氯甲烷、乙醚、乙醇、已烷，溶于甲醇。在土壤中失去活性。

毒性　急性经口 LC$_{50}$：雄大鼠 268mg（原药，钠盐）/kg，雌大鼠 404mg（原药，钠盐）/kg，雄大鼠 2500mg/kg（32％可溶剂），雌大鼠 3150mg/kg（32％可溶剂）。急性经皮 LD$_{50}$：大鼠＞5g/kg。原药对兔眼睛和皮肤无刺激作用。对大鼠无致畸作用，Ames 试验结果表明无诱变作用。

对映体性质差异　未见报道。

用途　是谷酰胺合成抑制剂，作用机理为抑制植物体内谷酰胺合成酶，导致氨的积累，从而抑制光合作用中的光合磷酸化。主要防治一年生和多年生禾本科杂草及阔叶杂草。对阔叶杂草防效高于禾本科杂草。在柑橘园、橡胶园使用时，用药量为 1000～2000g/hm^2，定向茎叶喷雾。

农药剂型　20％可溶粉剂。

登记信息　在中国、美国、韩国、澳大利亚、印度、巴西、加拿大等国家未登记，欧盟未批准。

双酰草胺（carbetamide）

$C_{12}H_{16}N_2O_3$，236.27，16118-49-3

化学名称 （2R）-N-乙基2-（苯氨基羰基氧基）丙酰胺。

手性特征 具有一个手性碳，含有一对对映体。

理化性质 纯品为白色结晶固体，熔点119℃。溶解度：丙酮中为900g/L、甲醇中为1400g/L、环己酮中为300mg/L、水中为3.5g/L。一般贮存条件下稳定，无腐蚀性。原药熔点＞110℃，相对密度0.5，蒸气压0.133×10^{-3}Pa。

毒性 急性口服LD$_{50}$：大鼠11000mg/kg。

对映体性质差异 未见报道。

用途 选择性除草剂。可防除禾本科杂草和某些阔叶杂草，用于油菜、苜蓿、十字花科作物田。

农药剂型 70％可湿性粉剂。

登记信息 在中国、美国、韩国、澳大利亚、印度、巴西、加拿大等国家未登记，欧盟批准。

喔草酯（propaquizafop）

$C_{22}H_{22}N_3ClO_5$，443.9，111479-05-1

化学名称 （2RS）-2-异亚丙基氨基氧乙基-2-[4-（6-氯喹喔啉-2-基氧）苯氧基] 丙酸酯。

其他名称 爱捷。

手性特征 具有一个手性碳，含有一对对映体。

理化性质 无色晶体，熔点66.3℃，相对密度1.30（20℃）。溶解度（25℃）：水中0.63mg/L、乙醇中59g/L、丙酮中730g/L、甲苯中630g/L、己烷中 37g/L、辛醇中 16g/L。室温下，密闭容器中稳定 2 年以上，25℃、pH7 时在水中解稳定，对紫外光稳定。

毒性 急性经口 LD_{50}：大鼠 5g/kg，小鼠 3009mg/kg，野鸭和鹌鹑＞6593mg/kg 饲料。急性经皮 LD_{50}：大鼠＞2g/kg。急性吸入 LC_{50}：大鼠 2500mg/m³ 空气。急性致死 LC_{50}（96h）：虹鳟 1.2mg/L，鲤鱼 0.19mg/L，蓝鳃太阳鱼 0.34mg/L。急性毒性 EC_{50}：水蚤≥2mg/L。蜜蜂 LD_{50}（48h）（经口）＞20μg/只，（接触）＞200μg/只。对兔皮肤无刺激作用，对其眼睛有轻微刺激作用，无诱变性，无致畸和胚胎毒性。饲喂试验无作用剂量：大鼠和小鼠（2 年）为 1.5mg/(kg·d)，狗（1 年）为 20mg/(kg·d)。对人的 ADI 为 0.015mg/kg 体重。

对映体性质差异 R 体高效，工业品为 R 体。

用途 作用机理是抑制脂肪酸合成。主要用于防治一年生和多年生禾本科杂草。防除大豆田、马铃薯田、棉花田一年生及部分多年生禾本科杂草，10％乳油 35～50mL/亩茎叶喷雾。

农药剂型 10％乳油。

登记信息 在中国、印度、澳大利亚登记，美国、韩国、巴西、加拿大等国家未登记，欧盟批准。

肟草酮（tralkoxydim）

$C_{20}H_{27}NO_3$，329.4，87820-88-0

化学名称 （5RS）-2-[（EZ）-1-（乙氧基亚氨基）丙基]-3-羟基-5-（2,4,6-三甲苯基）环己烯-2-酮。

手性特征 具有一个手性碳，含有一对对映体。

理化性质 无色固体，熔点 106℃，工业品熔点 99～104℃，蒸气压 0.37μPa（20℃）。溶解度（水中 20℃，其他溶剂 24℃）：水 6.7mg/L（pH6.5）、5mg/L（pH5.0）、9800mg/L（pH＝9），正己烷 18g/L，甲苯 213g/L，二氯甲烷＞500g/L，甲醇 25g/L，丙酮 89g/L，乙酸乙酯 100g/L，正辛醇-水分配系数

lgK_{ow}=4.67（20℃），在15～25℃下稳定≥1.5年；DT$_{50}$为（25℃）：6d（pH5）、114d（pH7），在土壤中DT$_{50}$为约3d（20℃），灌水土壤中DT$_{50}$为约25d。

毒性　急性经口 LC$_{50}$（mg/kg）：雄大鼠1324，雌大鼠934，雄小鼠1231，雌小鼠1100，兔＞519，大鼠＞2000（试验的最高剂量），野鸭＞3020，鹌鹑4430mg/kg。急性吸入 LC$_{50}$（mg/L）（4h）：大鼠＞3.5空气。急性致死 LC$_{50}$（mg/L）（96h）：镜鲤＞8.2，虹鳟＞7.2，蓝鳃太阳鱼＞6.1。蜜蜂 LC$_{50}$（mg/只）：0.1（接触）、0.054（经口）。对兔皮肤有轻微刺激，对兔眼睛有极其轻微的刺激，对豚鼠皮肤无过敏性。大鼠90d饲喂试验的无作用剂量为12.5mg/kg，狗则为5mg/kg。无致突变、致畸作用。

对映体性质差异　未见报道。

用途　叶面施药后迅速被植物吸收，在韧皮部转移到生长点，抑制新芽的生长。防除鼠尾看麦娘、瑞士黑麦草、野燕麦、狗尾草等。对阔叶杂草和莎草科杂草无明显除草活性。使用时用药量390～480g/hm^2，茎叶喷雾。

农药剂型　40％水分散粒剂。

登记信息　在中国、澳大利亚、加拿大登记，美国、日本、韩国、印度、巴西等国家未登记，欧盟未批准。

甲氯酰草胺（pentanochlor）

C$_{13}$H$_{18}$NClO，239.7，2307-68-8

化学名称　*N*-(3-氯-4-甲基苯基)-2-甲基戊酰胺。

其他名称　蔬草灭。

手性特征　具有一个手性碳，含有一对对映体。

理化性质　工业品为白色至淡黄色粉末，熔点82～86℃（纯品熔点85～86℃），相对密度1.106，室温下溶解度：水中8～9mg/L、二异丁基酮460g/kg、二甲苯200～300g/kg、松油410g/kg。室温下稳定。无腐蚀性。

毒性　急性口服 LD$_{50}$：大白鼠＞10g/kg。急性经皮 LD$_{50}$：兔＞10g/kg。急性致死 LC$_{50}$（48h）：鲤鱼1.8mg/kg。20g/kg 喂大白鼠140d，对体重和存活率都无影响，但肝有组织变异。

对映体性质差异 未见报道。

用途 选择性芽后除草剂，主要用于防除一年生禾本科杂草及阔叶杂草。对胡萝卜、芹菜、草莓等作物使用时，用药量 $2\sim4kg/hm^2$。

登记信息 在中国、美国、韩国、澳大利亚、印度、巴西、加拿大等国家未登记，欧盟未批准。

烯草酮（clethodim）

$C_{17}H_{26}NClO_3S$, 359.9, 99129-21-2

化学名称 2-{(E)-N-[(E)-3-氯烯丙氧基亚氨基] 丙基}-5-[(2RS)-(2-乙硫基）丙基]-3-羟基环己-2-烯酮。

其他名称 乐田特；氟烯草酸。

手性特征 烯草酮具有一个手性碳，含有一对对映体。

理化性质 原药为琥珀色透明液体，相对密度 1.14（20℃），蒸气压 $<1\times10^{-2}$ mPa（20℃），溶于大多数有机溶剂。对紫外光稳定，在极端 pH 值下不稳定。

毒性 急性经口 LD_{50}：雌大鼠 1360mg/kg，雄大鼠 1630mg/kg，鹌鹑 $>$2g/kg，野鸭 $>$6g/kg。急性经皮 LD_{50}：兔 $>$5g/kg。急性吸入 LC_{50}（4h）：大鼠 $>$4.6mg/L。急性致死 LC_{50}：水蚤 $>$120mg/L，蓝鳃太阳鱼 $>$120mg/L，虹鳟 56mg/L。蜜蜂 LD_{50} 为 $>$100μg/只。饲喂试验无作用剂量：大鼠 16mg/(kg·d)、小鼠 30mg/(kg·d)。对人的 ADI 为 0.01mg/kg 体重。

对映体性质差异 未见报道。

用途 是高选择性、内吸传导型芽后除草剂，可防除多种一年生和多年生禾本科杂草。在冬油菜田使用时，用药量为 $72\sim90g/hm^2$；大豆田用药量为 $108\sim144g/hm^2$，茎叶喷雾。

农药剂型 24%、30%、240g/L 乳油；可与二氯吡啶酸、草除灵、氟磺胺草醚、异噁草松、砜嘧磺隆制成混剂。

登记信息 在中国、美国、加拿大、澳大利亚登记，韩国、印度、巴西等国家未登记，欧盟批准。

稀禾定（sethoxydim）

$C_{17}H_{29}NO_3S$，327.5，74051-80-2

化学名称　（5RS)-2-[*EZ*-1-(乙氧基亚氨基）丁基]-5-[(2RS)-2-(乙硫基)丙基]-3-羟基-2-环己烯-1-酮。

其他名称　烯禾定；拿捕净。

手性特征　具有两个手性碳，含有两对对映体。

对映体性质差异　未见报道。

用途　为肟类内吸性除草剂，用于防除大豆、棉花、甜菜等田地中的禾本科杂草。

理化性质　原药为淡黄色无臭油状液体。相对密度为 1.043（25℃），沸点＞90℃（3×10^{-5}mmHg），蒸气压小于 0.013mPa，能溶于甲醇、正己烷、乙酸乙酯、甲苯、二甲苯等有机溶剂。20℃水中溶解度为 25mg/L（pH4）、4700mg/L（pH7）。在弱酸和碱性条件下稳定。在土壤中很快被分解。

毒性　低毒除草剂。急性经口 LD_{50}：雄大鼠 3200mg/kg，雌大鼠 2676mg/kg，雄小鼠 5.6g/kg，雌小鼠 6.3g/kg，日本鹌鹑＞5g/kg。急性经皮 LD_{50}：大鼠和小鼠＞5g/kg。急性吸入 LC_{50}：大鼠＞6.28mg/L 空气。急性致死 LC_{50}（3h）：水蚤 1.5mg/L。急性致死 LC_{50}（48h）：鲤鱼 153mg/L，鳟鱼 38mg/L。对兔皮肤和眼睛无刺激。对皮肤无致敏作用。两年饲喂试验无作用剂量为：大鼠 17.2mg/(kg·d)、小鼠 13.7mg/(kg·d)。对人的 ADI 为 0.14mg/kg。对蜜蜂无任何毒性反应。

对映体性质差异　未见报道。

用途　为肟类内吸性除草剂，主要用于防除大豆、棉花、甜菜等田地中的本科杂草，喷雾使用。在花生田使用时，用药量为 20％乳油 66.5～100mL/亩；甜菜田用药量 100mL/亩；亚麻、油菜田用药量 65～120mL/亩；棉花田用药量 100～120mL/亩；大豆田用药量 100～200mL/亩。

农药剂型　12.5％、20％乳油；可与氟磺胺草醚制成混剂。

登记信息　在中国、美国、加拿大、澳大利亚登记，韩国、印度、巴西等国家未登记，欧盟未批准。

新燕灵（benzoylprop-ethyl）

$C_{18}H_{17}Cl_2NO_3$，366.2，22212-55-1

化学名称 N-苯甲酰-N-(3,4-二氯苯基)-D-L-β-氨基丙酸乙酯。

其他名称 莠非敌。

手性特征 具有一个手性碳，含有一对对映体。

理化性质 工业品为灰白色结晶粉末，熔点为70～71℃。25℃时在水中溶解度约为20mg/L，20℃时在丙酮中的溶解度为70%～75%，对光稳定，蒸气压为4.66μPa（20℃），对水解稳定，在中性溶液中十分稳定，在酸性和碱性溶液中缓慢分解。

毒性 急性经口 LD_{50}：大鼠1.5g/kg，小鼠716mg/kg，野鸭>200mg/kg，家畜>1g/kg。急性经皮 LD_{50}：大鼠和小鼠>1g/kg。急性致死 LC_{50}（100h）：丑角鱼5mg/L。对大鼠和狗分别以含1g/L和300mg/L的饲料喂养13周，未见任何中毒症状。

对映体性质差异 未见报道。

用途 选择性芽后除草剂，用于甜菜、油菜、蚕豆和禾本科种子植物防除野燕麦。在小麦田使用时，用药量为1.0～1.5kg/hm²。

登记信息 在中国、美国、韩国、澳大利亚、印度、巴西、加拿大等国家未登记，欧盟未批准。

溴丁酰草胺（bromobutide）

$C_{15}H_{22}BrNO$，312.24，74712-19-9

化学名称 （2RS）-2-溴-3,3-二甲基-N-(1-甲基-1-苯基乙基）丁酰胺。

手性特征 具有一个手性碳，含有一对对映体。

理化性质 无色至淡黄色结晶，原药为无色至黄色晶体，熔点 180.1℃，25℃蒸气压 74mPa。溶解度（25℃）：水 3.54mg/L、己烷 500mg/L、甲醇 35g/L、二甲苯 4.7g/L。在可见光下稳定，在 60℃下可稳定 6 个月以上。

毒性 急性经口 LD_{50}：大、小鼠＞5g/kg。急性经皮 LD_{50}：大、小鼠＞5g/kg。急性致死 LC_{50}（48h）：鲤鱼＞10mg/L。对皮肤无刺激作用，对兔眼睛有轻微的刺激作用。大、小鼠 2 年饲喂试验的结果表明，无致突变性；对繁殖无异常影响。

对映体性质差异 未见报道。

用途 属酰苯胺类除草剂，主要用于水稻田防除一年生和多年生杂草。以低于 $2kg/hm^2$ 剂量于芽前或芽后施用，能有效防除一年生杂草（如稗草、鸭舌草、母草和节节菜）和多年生杂草（如细秆萤蔺、牛毛毡、铁荸荠、水莎草和瓜皮草）。甚至在低于 $0.1\sim0.2kg/hm^2$ 剂量下，对细秆萤蔺防效仍很高。在水稻和杂草间有极好的选择性，在大田试验中，与某些除草剂混用对稗草等杂草的防除效果极佳。

登记信息 在中国、美国、韩国、澳大利亚、印度、巴西、加拿大等国家未登记，欧盟未批准。

燕麦酯（chlorophenprop -methyl）

$C_{10}H_{10}Cl_2O_2$，233.1，14437-17-3

化学名称 （2RS）-2-氯-3-(4-氯苯基)-甲基丙酸酯。

其他名称 麦草散；麦敌散；拜的生；氯苯丙甲。

手性特征 燕麦酯具有一个手性碳，含有一对对映体。

理化性质 纯品为具有茴香气味的无色液体。沸点 110 ～ 113℃（13.33Pa），50℃下的蒸气压为 0.93Pa。20℃水中的溶解度为 40mg/L，溶于丙酮、芳烃、乙醚和脂肪油。工业品为浅棕色液体，相对密度 1.30。

毒性 急性口服 LD_{50}：大鼠 1.2g/kg，豚鼠和家兔 500～1000mg/kg，狗＞500mg/kg，鸡约为 1.5g/kg。急性经皮 LD_{50}：大鼠＞2g/kg。

对映体性质差异 未见报道。

用途 主要用于防除野燕麦的专效触杀型除草剂。也可用于除燕麦外的谷类作物、饲料作物、甜菜和豌豆，用药量为 $4kg/hm^2$。

登记信息　在美国登记，中国、韩国、澳大利亚、印度、巴西、加拿大等国家未登记，欧盟未批准。

乙草胺（acetochlor）

$C_{14}H_{20}ClNO_2$，269.8，34256-82-1

化学名称　2-氯-2′-甲基-6′-乙基-N-（乙氧甲基）乙酰替苯胺。

其他名称　禾耐斯。

手性特征　具有一个手性轴，含有一对对映体。

理化性质　原药淡黄色液体，熔点小于0℃，蒸气压大于133.3Pa，沸点大于200℃，易挥发和光解。相对密度为1.11（30℃），25℃在水中的溶解度为223mg/L。

毒性　对人畜低毒。急性经口 LD_{50}：大鼠2148mg/kg，鹌鹑1.26mg/kg，野鸭＞5.62g/kg。急性经皮 LD_{50}：家兔4166mg/kg。急性吸入 LC_{50}：大鼠＞3mg/L。对皮肤和眼睛有轻微的刺激作用。急性致死 LC_{50}（48h）：水蚤16mg/L。急性致死 LC_{50}（96h）：虹鳟鱼0.5mg/L，太阳鱼1.3mg/L。蜜蜂 LD_{50} 为1.715mg/只。对豚鼠有接触性过敏反应。两年饲养试验大鼠无作用剂量≤1mg/kg饲料，狗饲养1年，无作用剂量≤12mg/(kg·d)。

对映体性质差异　（＋）-S-乙草胺对斑马鱼早期生命阶段的发育毒性和免疫毒性大于（－）-R-乙草胺[16]。

用途　选择性旱田芽前除草剂，防除一年生禾本科杂草。在油菜田使用时，用药量为540～810g/hm²，移栽后土壤喷雾处理；花生田780～1275g/hm²，土壤喷雾处理；棉花田810～945g/hm²（南疆）、945～1080g/hm²（北疆），播前土壤喷雾处理；玉米田1350～1620g/hm²（东北地区），810～1350g/hm²（其他地区），土壤喷雾处理；大豆田1350～1890g/hm²（东北地区），810～1350g/hm²（其他地区），土壤喷雾处理。

农药剂型　50％、81.5％、89％、900g/L乳油；10％颗粒剂；20％、40％可湿性粉剂；50％水乳剂；50％微乳剂；25％微囊悬浮剂；可与苄嘧磺隆、2,4-滴丁酯、莠去津、烟嘧磺隆、扑草净、异噁草松、硝磺草酮、嗪草酮、2,4-滴异辛酯、乙氧氟草醚、噻吩磺隆、精喹禾灵、二甲戊灵、仲丁灵、西草净、绿麦隆、氰草津、醚磺隆、异丙隆、莠灭净、磺草酮、二氯喹啉酸、甲磺隆等制成混剂。

登记信息　在中国、美国、加拿大登记，韩国、澳大利亚、印度、巴西等国家未登记，欧盟未批准。

异丙甲草胺（metolachlor）

$C_{15}H_{22}ClNO_2$，283.8，51218-45-2

化学名称　2-氯-2'-甲基-6'-乙基-N-(1-甲基-2-甲氧乙基) 乙酰替苯胺。

其他名称　都尔；稻乐思；丙草胺；杜耳；屠莠胺。

手性特征　具有一个手性碳，一个手性轴，含有两对对映体。

理化性质　原药为棕色液体，熔点为 $-62.1℃$，沸点为 $100℃$（0.133Pa），25℃时蒸气压为 4.2mPa。相对密度为 1.12（20℃）。25℃时在水中溶解度为488mg/L，溶于甲苯、二甲基甲酰胺、环己酮等有机溶剂。在强酸和强碱介质中水解。DT_{50}（预测值）$>200d$（pH2~10）。不易挥发光解，淋溶性小，性质稳定。

毒性　对人畜低毒。急性经口 LD_{50}（mg/kg）：大鼠 2780，野鸭和鹌鹑 >2150。急性经皮 LD_{50}：大鼠 $>3170mg/kg$。急性吸入 LC_{50}（4h）：大鼠 $>1750mg/m^3$空气。急性致死 LC_{50}（48h）：水蚤 25mg/L。急性致死 LC_{50}（mg/L）（96h）：虹鳟 3.9、鲤鱼 4.9、蓝鳃太阳鱼 10。蚯蚓 LC_{50}（14d）为 140mg/kg 土。蜜蜂 LD_{50}（经口和接触）$>110\mu g/$只。对皮肤和眼睛有轻微的刺激作用。可能引起豚鼠皮肤过敏。90d 饲养试验无作用剂量：大鼠 300mg/kg 饲料 [约 15mg/(kg·d)]，小鼠 100mg/kg 饲料 [约 100mg/(kg·d)]，狗 300mg/kg 饲料 [约 9.7mg/(kg·d)]。对人的 ADI 为 0.1mg/kg 体重。

对映体性质差异　（αS,1'S）除草活性最强；S 体对大型溞急性毒性大于外消旋体；外消旋体对大型溞慢性毒性大于 S 体；S 体对蛋白核小球藻的生长抑制作用大于外消旋体；S 体与外消旋体对蚯蚓的急性毒性差别不大；外消旋体对家蚕的毒性大于 S 体[17]。S 体对斜生栅藻的毒性强于外消旋体[18,19]。S 体对铜绿微囊藻细胞生长和微囊藻毒素释放的抑制作用均强于外消旋体[20]。

用途　选择性芽前土壤处理除草剂，可防除牛筋草、马唐、狗尾草、蟋蟀草、稗草等一年生禾本科杂草，以及苋菜、马齿苋等阔叶杂草和碎米莎草、油莎草。在夏玉米田使用时，用药量 $1620\sim2160g/hm^2$，土壤喷雾。

农药剂型　72％乳油；50％水乳剂；可与苄嘧磺隆、莠去津、苯噻酰草胺、乙草胺、烟嘧磺隆、硝磺草酮、2,4-滴异辛酯、嗪草酮制成混剂。

登记信息　在中国、美国、印度、澳大利亚、加拿大等国家登记，韩国、巴西等国家未登记，欧盟未批准。

异噁草醚（isoxapyrifop）

$C_{17}H_{16}NCl_2N_2O_4$，383.2，87757-18-4

化学名称　2-{(2RS)-2-[4-(3,5-二氯-2-吡啶基氧)苯氧基] 丙酰}-1,2-噁唑烷。

手性特征　具有一个手性碳，含有一对对映体。

理化性质　纯品为无色晶体，在水中溶解度为 $9.8mg/L$。在土壤中降解 DT_{50} 为 $1\sim4d$，生成相应的酸，其 DT_{50} 为 $30\sim90d$。

毒性　急性经口 LD_{50}（mg/kg）：雌大鼠 1400，雄大鼠 500。急性经皮 LD_{50}（mg/kg）：大鼠＞5000。急性毒性 LC_{50}（mg/L）（96h）：大翻车鱼 1.4，虹鳟鱼 1.3。对兔皮肤无刺激性，对眼睛有轻微刺激性。

对映体性质差异　未见报道。

用途　属杂环氧苯丙酸类除草剂，主要用于防治禾本科杂草，作用机理是抑制脂肪酸的合成。使用时用药量为 $75\sim150g/hm^2$。

登记信息　在中国、美国、韩国、澳大利亚、巴西、印度、加拿大等国家未登记，欧盟未批准。

抑草磷（butamifos）

$C_{13}H_{21}N_2O_4PS$，332.4，36335-67-8

化学名称　O-乙基-O-(5-甲基-2-硝基苯基)-N-仲丁基氨基硫代磷酸酯。

其他名称　克蔓磷。

手性特征　具有一个手性碳，一个手性磷，含有两对对映体。

理化性质　棕色液体。相对密度 1.88 (25℃)，蒸气压 0.084Pa (27℃)。溶于有机溶剂，如二甲苯、甲醇、丙醇等可溶解 50％以上。难溶于水，20℃时可溶 5.1mg/L。对热稳定，对酸和中性溶液稳定。

毒性　急性经口 LC_{50}：小鼠 400～430mg/kg，大鼠 630～790mg/kg。急性经皮 LD_{50}：小鼠＞2.5g/kg，大鼠＞4.0g/kg。在体内易代谢，代谢物很快通过尿、粪排出。

对映体性质差异　未见报道。

用途　有机磷除草剂，作用机理是破坏植物的分生组织。主要用于防治看麦娘、稗草、马唐等一年生禾本科杂草和某些阔叶杂草。对旱田作物如胡萝卜、棉花、麦类、豆类、薯类、旱稻等可用抑草磷 1～2.4kg（有效成分)/hm^2 做播后苗前土壤处理。而莴苣、甘蓝、洋葱等芽前处理有药害，可在移栽前后处理。水稻田可用抑草磷 1～1.5kg/hm^2 于生长初期和中期处理，芽期处理则有药害。杂草叶前可用抑草磷 0.5～1kg/hm^2 处理，但该法对胡萝卜、番茄和棉花等有药害。

登记信息　在中国、美国、韩国、澳大利亚、印度、巴西、加拿大等国家未登记，欧盟未批准。

仲丁灵（butralin）

$C_{14}H_{21}N_3O_4$，295.3，33629-47-9

化学名称　N-仲丁基-4-叔丁基-2,6-二硝基苯胺。

其他名称　地乐胺；比达宁；硝苯胺灵；止芽素。

手性特征　具有一个手性碳，含有一对对映体。

理化性质　原粉为橘黄色结晶体，相对密度 1.063 (25℃)，沸点 134～135℃ (66.6Pa)，熔点 55～60℃。在 30℃时蒸气压为 44μPa，易溶于甲苯、二甲苯、丙酮等有机溶剂；溶于乙醇、异丙醇，难溶于水。分解温度为 265℃。

毒性　属低毒除草剂。急性经口 LD_{50}：大鼠 2.8g/kg。急性致死 LC_{50}

（48h）：鲶鱼4.2mg/L、虹鳟3.4mg/L。Ames试验为阴性，对黏膜有轻度刺激作用。

对映体性质差异 未见报道。

用途 播前土壤处理除草剂。用于大豆、棉花、玉米、苜蓿等作物中防除一年生禾本科杂草及某些阔叶杂草。使用时，防除棉花田一年生禾本科杂草及部分阔叶杂草，用药量30%乳油350～400mL/亩，播后苗前土壤喷雾；防除大豆田阔叶杂草、一年生禾本科杂草，用药量48%乳油225～250g/亩；花生田阔叶杂草、一年生禾本科杂草225～300g/亩，播后苗前土壤喷雾；防除西瓜田阔叶杂草、一年生禾本科杂草，150～200g/亩土壤喷雾。抑制烟草腋芽生长，用药量360g/L乳油0.15～0.2mL/株，杯淋。

农药剂型 36%、48%、360g/L乳油；30%水乳剂；可与乙草胺、异噁草松、敌草隆、苄嘧磺隆、噁草酮、硝磺草酮、扑草净制成混剂。

登记信息 在中国、澳大利亚登记，美国、韩国、印度、巴西、加拿大等国家未登记，欧盟未批准。

仲丁通（secbumeton）

$C_{10}H_{19}N_5O$，225.3，26259-45-0

化学名称 2-仲丁基氨基-4-乙氨基-6-甲氧基-1，3,5-三嗪。

手性特征 仲丁通具有一个手性碳，含有一对对映体。

理化性质 纯品为白色粉末，熔点86～88℃，20℃时蒸气压0.097mPa。25℃时水溶度为620mg/L，易溶于有机溶剂，在中性、弱酸及弱碱性介质中稳定，在强酸或强碱性介质中水解为无除草活性的6-羟基衍生物。

毒性 急性口服LD_{50}：大鼠2680mg/kg，对野鸭及北美鹌鹑低毒。

对映体性质差异 未见报道。

用途 主要用于防除一年生和多年生禾本科杂草及阔叶杂草。对于苜蓿，每公顷用50%可湿性粉剂1～3kg在苜蓿休眠期喷雾；甘蔗在植后每公顷用3～5kg喷雾，可防除一年生禾本科及双子叶杂草。与特丁津混用可用于非选择性除草，与莠灭净的混剂可用于甘蔗和凤梨。仲丁通及上述混剂残效期可达数年，应用时应特别注意对后茬作物的影响。

农药剂型 50％可湿性粉剂；可与西玛津、莠灭净、特丁津的混合制剂。

登记信息 在中国、美国、日本、韩国、澳大利亚、印度、巴西、加拿大等国家未登记，欧盟未批准。

参考文献

[1] Cartwright D. The synthesisy, stability and biological activity of the enantiomers of pyridyloxyphenoxy proprionates. Brighton Crop Protection. Conference-Weeds，1989.

[2] Chen Z，Zou Y，Wang J，et al. Phytotoxicity of chiral herbicide bromacil：Enantioselectivity of photosynthesis in Arabidopsis thaliana. Science of The Total Environment，2016：139-147.

[3] Qi Y，Liu D，Zhao W，et al. Enantioselective phytotoxicity and bioacitivity of the enantiomers of the herbicide napropamide. Pesticide Biochemistry and Physiology，2015，125：38-44.

[4] Xu Y，Jing X，Zhai W，et al. The enantioselective enrichment，metabolism，and toxicity of fenoxaprop - ethyl and its metabolites in zebrafish. Chirality，2020，32.

[5] Shimabukuro R H，Hoffer B L. Enantiomers of diclofop-methyl and their role in herbicide mechanism of action. Pesticide Biochemistry and Physiology，1995，51：68-82.

[6] Cai X，Liu W，Sheng G. Enantioselective degradation and ecotoxicity of the chiral herbicide diclofop in three freshwater alga cultures. Journal of Agricultural and Food Chemistry，2008，56：2139-2146.

[7] Wei J，Zhang X，Li X，et al. Enantioselective phytotoxicity of imazamox against maize seedlings. bulletin of environmental contamination and toxicology，2016，96：242-247.

[8] Xie J，Zhao L，Liu K，et al. Activity，toxicity，molecular docking，and environmental effects of three imidazolinone herbicides enantiomers. Science of the Total Environment，2017，594：622-623.

[9] Qian H，Han X，Zhang Q，et al. Imazethapyr enantioselectively affects chlorophyll synthesis and photosynthesis in arabidopsis thaliana. Journal of Agricultural and Food Chemistry，2013，61：1172-1178.

[10] Qian H，Li Y，Sun C，et al. Trace concentrations of imazethapyr (IM) affect floral organs development and reproduction in Arabidopsis thaliana：IM-induced inhibition of key genes regulating anther and pollen biosynthesis. Ecotoxicology，2015，24：163-171.

[11] Yao C，Sheng J. Yan S，et al. Enantioselectivity effects of imazethapyr enantiomers to metabolic responses in mice. Pesticide Biochemistry and Physiology，2020：104619.

[12] Hsiao Y，Wang Y，Yen J. Enantioselective effects of herbicide imazapyr on Arabidopsis thaliana. Journal of Environmental Science and Health，Part B，2014，49：646-653.

[13] Diao J，Xu P，Wang P，et al. Enantioselective degradation in sediment and aquatic toxicity to Daphnia magna of the herbicide lactofen enantiomers. Journal of Agricultural and Food Chemistry，2010，58：2439-2445.

[14] Cheng C，Huang L，Ma R，et al. Enantioselective toxicity of lactofen and its metabolites in Scenedesmus obliquus. Algal Research，2015，10：72-79.

[15] Wang F, Liu D, Qu H, et al. A full evaluation for the enantiomeric impacts of lactofen and its metabolites on aquatic macrophyte Lemna minor. Water Research, 2016, 101: 55-63.

[16] Xu C, Tu W, Deng M, et al. Stereoselective induction of developmental toxicity and immunotoxicity by acetochlor in the early life stage of zebrafish. Chemosphere, 2016, 164: 618-626.

[17] 康卓, 等. 现代农药手册. 北京: 化学工业出版社, 2018.

[18] Liu H, Xia Y, Cai W, et al. Enantioselective oxidative stress and oxidative damage caused by Rac-and s-metolachlor to scenedesmus obliquus. Chemosphere, 2017, 173: 22-30.

[19] Hu X, Zhang S, Chen C, et al. Influence of the coexistence of Zn^{2+} on the enantioselective toxicity of metolachlor to scenedesmus obliquus. Environmental Science, 2014, 35: 292-298.

[20] Wang J, Zhang L, Fan J, et al. Impacts of Rac-and S-metolachlor on cyanobacterial cell integrity and release of microcystins at different nitrogen levels. Chemosphere, 2017, 181: 619-626.

手性农药中文名称索引

手性农药英文名称索引